21世纪高等学校计算机规划教材

计算机应用基础实训教程
(Windows 10+Office 2016)

雷波 韩文智◎主编
许友文 贺颖 陈艳◎副主编

人民邮电出版社
北京

图书在版编目（CIP）数据

计算机应用基础实训教程 : Windows 10+Office 2016 / 雷波，韩文智主编. -- 北京 : 人民邮电出版社，2020.9（2023.1重印）
21世纪高等学校计算机规划教材
ISBN 978-7-115-54152-9

Ⅰ. ①计… Ⅱ. ①雷… ②韩… Ⅲ. ①Windows操作系统－高等学校－教材②办公自动化－应用软件－高等学校－教材 Ⅳ. ①TP316.7②TP317.1

中国版本图书馆CIP数据核字(2020)第093075号

内 容 提 要

本书是与雷波主编的《计算机应用基础（Windows 10+Office 2016）微课版》配套的实训教材。本书以课程教学需求为基础，以实训为手段，以学生为主体，以培养技能型、应用型人才为目标，切实贯彻高等职业教育理念。

本书包括计算机基础、计算机网络、Windows 10 操作系统、文字处理软件 Word 2016、电子表格处理软件 Excel 2016、演示文稿处理软件 PowerPoint 2016 共 6 个项目。全书层次清晰，案例丰富，且所有操作内容都已经过上机验证。

本书可作为高等职业院校“计算机应用基础”课程的实训教材，也可供需掌握办公自动化技术的读者自学参考。

◆ 主　编　雷　波　韩文智
副 主 编　许友文　贺　颖　陈　艳
责任编辑　王亚娜
责任印制　王　郁　陈　犇
◆ 人民邮电出版社出版发行　　北京市丰台区成寿寺路 11 号
邮编　100164　电子邮件　315@ptpress.com.cn
网址　https://www.ptpress.com.cn
北京天宇星印刷厂印刷
◆ 开本：787×1092　1/16
印张：9.5　　2020 年 9 月第 1 版
字数：236 千字　　2023 年 1 月北京第 7 次印刷

定价：27.00 元

读者服务热线：(010)81055256　印装质量热线：(010)81055316
反盗版热线：(010)81055315
广告经营许可证：京东市监广登字 20170147 号

前言 PREFACE

当今时代是信息化时代，各行各业都在一定程度上结合了计算机技术并依托计算机网络。随着信息化进程的加快，计算机应用与各行业的结合更加紧密，大学生的计算机应用能力已成为企业评价和考察其能否就业上岗、是否胜任本职工作的重要指标。面对激烈的市场竞争和日益增长的就业压力，熟练掌握计算机应用技术对于大学生今后的发展具有重要意义。

高等职业教育以培养应用型人才为目标，高等职业院校的专业设置和人才培养方案均以就业为导向。高等职业院校的“计算机应用基础”课程目标是培养学生的信息素养，提高学生的操作能力，要求学生能够熟练地操作计算机。我们在多年的“计算机应用基础”教学实践中发现，一部分学生存在“眼高手低”的现象，即掌握了课程要求的知识，但不能运用所学的知识、技能来解决实际问题。

为了全面贯彻教育部关于“加强职业教育”的要求，我们根据就业岗位的真实需要，结合高等职业院校“计算机应用基础”课程大纲和多年教学经验编写了本书。

本书以项目→模块→案例示范→实训为主线进行编写。全书以面向工作需要为主旨精选案例和实训，融“教、学、做”为一体，并参考了全国计算机等级考试 MS Office 一级、二级内容，能有效地提高学生的计算机基本技能、综合技能。

本书由雷波策划和统稿，由韩文智审稿。参加本书编写的有雷波（项目一、项目四）、韩文智（项目二）、陈艳（项目三）、许友文（项目五）、贺颖（项目六）。此外，刘向东、郑帅、高加琼、程昊、刘亭利、刘赛东、王云、丁高虎等参加了本书编写资料的收集与整理工作。

受编者的经验与水平所限，书中难免会有疏漏和不足之处，恳请专家和读者不吝赐教，以便修订时更正。

编者

2020 年 2 月

目录

CONTENTS

项目一 计算机基础

思辨集成

以下单选题涵盖了全国计算机等级考试大纲中的大部分知识要点，熟练掌握后有助于提高等级考试的成绩。

（1）第 2 代电子计算机的主要元件是 ______。

A．继电器　　B．晶体管　　C．电子管　　D．集成电路

（2）世界上公认的第 1 台电子数字计算机诞生在 ______。

A．中国　　B．美国　　C．英国　　D．日本

（3）关于世界上第 1 台电子数字计算机 ENIAC 的叙述中，错误的是 ______。

A．ENIAC 是 1946 年在美国诞生的

B．它的主要元件是用电子管和继电器

C．它是首次采用存储程序和程序控制自动工作的电子计算机

D．研制它的主要目的是计算弹道

（4）计算机安全指计算机资产安全，即 ______。

A．计算机信息系统资源不受自然有害因素的威胁和危害

B．信息资源不受自然和人为有害因素的威胁和危害

C．计算机硬件系统不受人为有害因素的威胁和危害

D．计算机信息系统资源和信息资源不受自然和人为有害因素的威胁和危害

（5）现代微型计算机中所采用的电子器件是 ______。

A．电子管　　B．晶体管

C．小规模集成电路　　D．大规模和超大规模集成电路

（6）按传统的电子计算机分代方法，第 1 代至第 4 代计算机依次是 ______。

A．机械计算机，电子管计算机，晶体管计算机，集成电路计算机

B．晶体管计算机，集成电路计算机，大规模集成电路计算机，光器件计算机

C．电子管计算机，晶体管计算机，小、中规模集成电路计算机，大规模和超大规模集成电路计算机

D．手摇机械计算机，电动机械计算机，电子管计算机，晶体管计算机

（7）ENIAC 问世后，冯 • 诺依曼在研制 EDVAC 时，提出两项重要的改进措施，它们是 ______。

A．采用二进制和存储程序控制的概念　　B．引入 CPU 和内存储器的概念

C．采用机器语言和十六进制　　D．采用 ASCII 编码系统

（8）世界上第 1 台电子数字计算机的英文缩写为 ______。

A．MARK-II　　B．EDSAC　　C．ENIAC　　D．EDVAC

（9）世界上公认的第 1 台电子数字计算机诞生于 ______。

A．20 世纪 30 年代　　B．20 世纪 40 年代

C．20 世纪 80 年代　　D．19 世纪 40 年代

（10）按计算机应用的分类，“铁路联网售票系统”属于 ______。

A．科学计算　　B．辅助设计　　C．实时控制　　D．信息处理

（11）在下列计算机应用项目中，属于科学计算应用领域的是 ______。

A．人机对弈　　B．民航联网订票系统

C．气象预报　　D．数控机床

（12）数码相机里的照片可以利用计算机软件进行处理，计算机的这种应用属于 ______。

A．图像处理　　B．实时控制　　C．嵌入式系统　　D．辅助设计

（13）目前许多消费电子产品（数码相机、数字电视机等）中都使用了不同功能的微处理器来完成特定的处理任务，计算机的这种应用属于 ______。

A．科学计算　　B．实时控制　　C．嵌入式系统　　D．辅助设计

（14）办公自动化（Office Automation，OA）是计算机的一项应用，按计算机应用的分类，它属于 ______。

A．科学计算　　B．辅助设计　　C．实时控制　　D．信息处理

（15）计算机最早的应用领域是 ______。

A．数据处理　　B．科学计算　　C．工业控制　　D．文字处理

（16）在下列英文缩写和中文名称的对照中，错误的是 ______。

A．CAD——计算机辅助设计　　B．CAM——计算机辅助制造

C．CIMS——计算机集成管理系统　　D．CAI ——计算机辅助教学

（17）英文缩写 CAI 的中文名称是 ______。

A．计算机辅助教学　　B．计算机辅助制造

C．计算机辅助设计　　D．计算机辅助管理

（18）下列不属于计算机特点的是 ______。

A．存储程序控制，工作自动化　　B．具有逻辑推理和判断能力

C．处理速度快，存储量大　　D．不可靠，故障率高

（19）计算机之所以能按人们的意图自动进行工作，最直接的原因是其采用了 ______。

A．二进制　　B．高速电子元件

C．程序设计语言　　D．存储程序控制

（20）计算机网络最突出的优点是 ______。

A．运算精度高　　B．运算速度快　　C．存储量大　　D．资源共享

（21）关于因特网防火墙，下列叙述中错误的是 ______。

A．为单位内部网络提供了安全屏障　　B．防止外界入侵单位内部的网络

C．可以阻止来自内部的威胁与攻击　　D．可以使用过滤技术在网络层对数据进行选择

（22）在局域网中，提供并管理共享资源的计算机称为______。

A．工作站　B．网关　C．网桥　D．服务器

（23）“计算机集成制造系统”的英文缩写是______。

A．CAD　B．CAM　C．CIMS　D．ERP

（24）下列选项属于“计算机安全设置”的是______。

A．定期备份重要数据　B．下载来路不明的软件及程序

C．停掉 Guest 账号　D．安装杀（防）毒软件

（25）计算机技术应用广泛，以下属于科学计算方面的应用是______。

A．图像信息处理　B．视频信息处理

C．火箭轨道计算　D．信息检索

（26）计算机字长是______。

A．处理器处理数据的宽度　B．计算机存储一个字符的位数

C．屏幕一行显示字符的个数　D．计算机存储一个汉字的位数

（27）20GB 的硬盘表示其容量约为______。

A．20 亿个 Bytes　B．20 亿个二进制位

C．200 亿个 Bytes　D．200 亿个二进制位

（28）1KB 的准确数值是______。

A．1 024Bytes　B．1 000Bytes　C．1 024bits　D．1 000bits

（29）在下列用于度量计算机存储器容量的单位中，最大的是______。

A．KB　B．MB　C．Byte　D．GB

（30）在计算机中，构成存储器的最小单位是______。

A．字节（Byte）　B．二进制位（bit）

C．字（Word）　D．双字（Double Word）

（31）字长是 CPU 的主要技术性能指标之一，它表示的是______。

A．CPU 的计算结果的有效数字长度

B．CPU 一次能处理的二进制数据的位数

C．CPU 能表示的最大的有效数字位数

D．CPU 能表示的十进制整数的位数

（32）在下列描述中，正确的是______。

A．字长为 16 位表示这台计算机最大能计算一个 16 位的十进制数

B．字长为 16 位表示这台计算机的 CPU 一次能处理 16 位二进制数

C．运算器只能进行算术运算

D．SRAM 的集成度高于 DRAM

（33）在下列度量单位中，用来度量计算机网络数据传输速率的是______。

A．MB/s　B．MIPS　C．GHz　D．Mbit/s

（34）在下列度量单位中，用来度量计算机外部设备传输率的是______。

A．MB/s　B．MIPS　C．GHz　D．MB

（35）假设某台计算机的内存储器容量为256MB，硬盘容量为40GB。其硬盘容量是内存容量的______。

A．200倍　　B．160倍　　C．120倍　　D．100倍

（36）假设某台计算机的内存储器容量为128MB，硬盘容量为10GB。其硬盘容量是内存容量的______。

A．40倍　　B．60倍　　C．80倍　　D．100倍

（37）在计算机中，组成一个字节的二进制位位数是______。

A．1　　B．2　　C．4　　D．8

（38）KB是度量存储器容量的常用单位之一，1KB等于______。

A．1 000个Bytes　　B．1 024个Bytes　　C．1 000个二进位　　D．1 024个字

（39）下列不是度量存储器容量的单位是______。

A．KB　　B．MB　　C．GHz　　D．GB

（40）在下列不同进制的4个数中，最小的是______。

A．11011001（二进制）　　B．75（十进制）

C．37（八进制）　　D．2A（十六进制）

（41）在数制的转换中，下列叙述中正确的是______。

A．对于相同的十进制正整数，随着基数*R*的增大，转换结果的位数小于或等于原数据的位数

B．对于相同的十进制正整数，随着基数*R*的增大，转换结果的位数大于或等于原数据的位数

C．不同数制的数字符是各不相同的，没有一个数字符是一样的

D．一个整数值的二进制数表示的位数一定大于其十进制数表示的位数

（42）无符号二进制整数111111转换成十进制数是______。

A．71　　B．65　　C．63　　D．62

（43）十进制数59转换成无符号二进制整数是______。

A．0111101　　B．0111011　　C．0110101　　D．0111111

（44）十进制数60转换成无符号二进制整数是______。

A．0111100　　B．0111010　　C．0111000　　D．0110110

（45）十进制数32转换成无符号二进制整数是______。

A．100000　　B．100100　　C．100010　　D．101000

（46）十进制数29转换成无符号二进制数等于______。

A．11111　　B．11101　　C．11001　　D．11011

（47）十进制数121转换成无符号二进制整数是______。

A．1111001　　B．111001　　C．1001111　　D．100111

（48）如果删除一个非零无符号二进制整数尾部的2个0，则此数的值为原数的______。

A．4倍　　B．2倍

C．1/2　　D．1/4

（49）按照数的进位制概念，下列各数中正确的八进制数是______。

A．1101　B．7081　C．1109　D．B03A

（50）设任意一个十进制整数 D，将其转换成二进制数 B，根据数制的概念，下列叙述中正确的是______。

A．数字 B 的位数＜数字 D 的位数　B．数字 B 的位数≤数字 D 的位数

C．数字 B 的位数≥数字 D 的位数　D．数字 B 的位数＞数字 D 的位数

（51）十进制数 100 转换成无符号二进制整数是______。

A．0110101　B．01101000　C．01100100　D．01100110

（52）一个字长为 6 位的无符号二进制整数能表示的十进制数值的范围是______。

A．0～64　B．0～63　C．1～64　D．1～63

（53）如果在一个非零无符号二进制整数之后添加一个 0，则此数的值为原数的______。

A．4 倍　B．2 倍　C．1/2　D．1/4

（54）十进制整数 64 转换成二进制整数等于______。

A．1100000　B．1000000　C．1000100　D．1000010

（55）用 8 位二进制数能表示的最大的无符号整数为十进制整数______。

A．255　B．256　C．128　D．127

（56）十进制整数 127 转换成二进制整数等于______。

A．1010000　B．0001000　C．1111111　D．1011000

（57）十进制整数 18 转换成二进制整数是______。

A．010101　B．101000　C．010010　D．001010

（58）一个字长为 5 位的无符号二进制整数能表示的十进制数值范围是______。

A．1～32　B．0～31　C．1～31　D．0～32

（59）在标准 ASCII 表中，英文字母 a 和 A 的码值之差的十进制值是______。

A．20　B．32　C．−32　D．−20

（60）在下列 4 个 4 位的十进制数中，正确的汉字区位码是______。

A．5601　B．9596　C．9678　D．8799

（61）在标准 ASCII 表中，已知英文字母 A 的 ASCII 是 01000001，则英文字母 E 的 ASCII 是______。

A．01000011　B．01000100　C．01000101　D．01000010

（62）存储一个 48×48 点阵的汉字字形码需要的字节数是______。

A．384　B．144　C．256　D．288

（63）在下列字符中，其 ASCII 值最大的是______。

A．9　B．Q　C．d　D．F

（64）已知英文字母 m 的 ASCII 值为 6DH，那么 ASCII 值为 71H 的英文字母是______。

A．Q　B．P　C．p　D．q

（65）一个字长为 8 位的无符号二进制整数能表示的十进制数值范围是______。

A．0～255　B．1～255　C．0～256　D．1～256

（66）标准的ASCII用7位二进制数表示一个字符的编码，可表示的不同的编码个数是______。

A．127个　　B．128个　　C．255个　　D．256个

（67）在微机中，西文字符所采用的编码是______。

A．EBCDIC码　　B．ASCII　　C．国标码　　D．BCD码

（68）在IBM系列大型机中，西文字符所采用的编码是______。

A．EBCDIC码　　B．ASCII　　C．国标码　　D．BCD码

（69）汉字国标码把汉字分成______。

A．简化字和繁体字2个等级

B．一级汉字、二级汉字和三级汉字3个等级

C．一级常用汉字、二级次常用汉字2个等级

D．常用字、次常用字、罕见字3个等级

（70）一个汉字的国标码需用2个字节存储，其每个字节的最高二进制位的值分别为______。

A．0，0　　B．0，1　　C．1，0　　D．1，1

（71）在下列字符中，其ASCII值最大的是______。

A．Z　　B．9　　C．空格字符　　D．a

（72）存储1 024个24×24点阵的汉字字形码需要的字节数是______。

A．720B　　B．72KB　　C．7 000B　　D．7 200B

（73）在下列字符中，其ASCII值最小的是______。

A．9　　B．p　　C．Z　　D．a

（74）下列关于ASCII的叙述，正确的是______。

A．一个字符的标准ASCII占一个字节，其最高二进制位总为1

B．所有大写英文字母的ASCII值都小于小写英文字母“a”的ASCII值

C．所有大写英文字母的ASCII值都大于小写英文字母“a”的ASCII值

D．标准ASCII表有256个不同的字符编码

（75）下列描述中正确的是______。

A．一个字符的标准ASCII占一个字节的存储量，其最高二进制位总为0

B．大写英文字母的ASCII值大于小写英文字母的ASCII值

C．同一个英文字母（如A）的ASCII和它在汉字系统下的全角内码是相同的

D．标准ASCII表中的每一个ASCII都能在屏幕上显示为一个相应的字符

（76）在标准ASCII表中，已知英文字母A的十进制码值是65，那么英文字母a的十进制码值是______。

A．95　　B．96　　C．97　　D．91

（77）在下列字符中，其ASCII值最小的是______。

A．空格字符　　B．0　　C．A　　D．a

（78）在计算机中，对汉字进行传输、处理和存储时会使用汉字的______。

A．字形码　　B．国标码

C．输入码　　D．机内码

（79）已知3个字符为A、Z和8，按它们的ASCII值进行升序排序，结果是______。

A．8，a，Z　　B．a，8，Z　　C．a，Z，8　　D．8，Z，a

（80）区位码输入法的最大优点是______。

A．只用数码输入，方法简单，容易记忆

B．易记易用

C．一字一码，无重码

D．编码有规律，不易忘记

（81）在ASCII表中，根据码值从小到大的排列顺序是______。

A．空格字符、数字符、大写英文字母、小写英文字母

B．数字符、空格字符、大写英文字母、小写英文字母

C．空格字符、数字符、小写英文字母、大写英文字母

D．数字符、大写英文字母、小写英文字母、空格字符

（82）字长为7位的无符号二进制整数能表示的十进制整数的数值范围是______。

A．0～128　　B．0～255　　C．0～127　　D．1～127

（83）根据汉字国标码的规定，一个汉字的内码码长为______。

A．8bits　　B．12bits　　C．16bits　　D．24bits

（84）在标准ASCII表中，已知英文字母K的十六进制码值是4B，则二进制数1001000对应的字符是______。

A．G　　B．H　　C．I　　D．J

（85）在下列关于字符大小关系的说法中，正确的是______。

A．空格符＞a＞A　B．空格符＞A＞a　C．a＞A＞空格符　D．A＞a＞空格符

（86）在标准ASCII表中，已知英文字母D的ASCII是68，那么英文字母A的ASCII是______。

A．64　　B．65　　C．66　　D．67

（87）一个字符的标准ASCII的长度是______。

A．7bits　　B．8bits　　C．16bits　　D．6bits

（88）在标准ASCII表中，已知英文字母A的二进制ASCII是01000001，那么英文字母D的ASCII是______。

A．01000011　　B．01000100　　C．01000101　　D．01000110

（89）在标准ASCII表中，数字符、小写英文字母和大写英文字母的排列顺序是______。

A．数字符、小写英文字母、大写英文字母

B．小写英文字母、大写英文字母、数字符

C．数字符、大写英文字母、小写英文字母

D．大写英文字母、小写英文字母、数字符

（90）汉字的区位码由汉字的区号和位号组成。汉字区号和位号的范围各为______。

A．区号为1～95，位号为1～95　　B．区号为1～94，位号为1～94

C．区号为0～94，位号为0～94　　D．区号为0～95，位号为0～95

（91）五笔字型汉字输入法的编码属于 ______。

A．音码　　B．形声码　　C．区位码　　D．形码

（92）显示或打印汉字时，系统使用的是汉字的 ______。

A．机内码　　B．字形码　　C．输入码　　D．国标码

（93）若已知一汉字的国标码是 5E38H，则其内码是 ______。

A．DEB8H　　B．DE38H　　C．5EB8H　　D．7E58H

（94）已知 3 个字符为 A、X 和 5，将其按各自的 ASCII 值进行升序排序，结果是 ______。

A．5，a，X　　B．a，5，X　　C．X，a，5　　D．5，X，a

（95）用 16×16 点阵来存储一个汉字的字形码需用 ______ 个字节。

A．16×1　　B．16×2　　C．16×3　　D．16×4

（96）在下列描述中正确的是 ______。

A．计算机病毒只在可执行文件中传染，不可执行的文件不会被传染

B．计算机病毒主要通过读写移动存储器或借助网络进行传播

C．只要删除所有感染了计算机病毒的文件就可以彻底消除病毒

D．反病毒软件可以查出和清除任意已知的和未知的计算机病毒

（97）下列关于计算机病毒的叙述，错误的是 ______。

A．反病毒软件可以查杀所有种类的计算机病毒

B．计算机病毒是人为制造的企图破坏计算机功能或计算机数据的一段小程序

C．反病毒软件必须随着新型计算机病毒的出现而升级，不断完善查杀计算机病毒的功能

D．计算机病毒具有传染性

（98）通常所说的“宏病毒”感染的文件类型是 ______。

A．COM　　B．DOC　　C．EXE　　D．TXT

（99）下列关于计算机病毒的说法，正确的是 ______。

A．计算机病毒是对计算机操作人员身体有害的生物病毒

B．计算机病毒发作后，将造成计算机硬件永久性的物理损坏

C．计算机病毒是一种通过自我复制进行传染的破坏计算机程序和数据的小程序

D．计算机病毒是一种有逻辑错误的程序

（100）蠕虫病毒属于 ______。

A．宏病毒　　B．网络病毒　　C．混合型病毒　　D．文件型病毒

（101）随着 Internet 的发展，计算机感染病毒的可能途径之一是 ______。

A．通过键盘输入数据

B．通过电源线

C．使用盘面不清洁的光盘

D．通过 E-mail，计算机病毒附着在电子邮件的信息中

（102）计算机感染病毒的可能途径之一是 ______。

A．通过键盘输入数据

B．运行未经反病毒软件严格审查的 U 盘上的软件

C．使用外表不清洁的 U 盘

D．电源不稳定

（103）下列关于计算机病毒的叙述，正确的是 ______。

A．反病毒软件可以查杀所有种类的计算机病毒

B．计算机病毒是一种被破坏了的程序

C．反病毒软件必须随着新型计算机病毒的出现而升级，不断完善查杀计算机病毒的功能

D．感染过计算机病毒的计算机具有对该病毒的免疫性

（104）下列关于计算机病毒的叙述，正确的是 ______。

A．所有计算机病毒只在可执行文件中传染

B．计算机病毒可通过读写移动硬盘或借助网络进行传播

C．只要把带计算机病毒的 U 盘设置成只读状态，那么 U 盘上的病毒就不会因读盘而传染给另一台计算机

D．清除计算机病毒最简单的方法是删除已感染病毒的文件

（105）计算机病毒指能够侵入计算机系统并在计算机系统中潜伏、传播，破坏系统正常工作的一种具有繁殖能力的 ______。

A．流行性感冒病毒　　B．特殊小程序

C．特殊微生物　　D．源程序

（106）下列关于计算机病毒的叙述，正确的是 ______。

A．计算机病毒的特点之一是具有免疫性

B．计算机病毒是一种有逻辑错误的小程序

C．反病毒软件必须随着新型计算机病毒的出现而升级，不断完善查杀计算机病毒的功能

D．感染过计算机病毒的计算机具有对该病毒的免疫性

（107）计算机病毒发作造成的主要破坏是 ______。

A．对磁盘的物理破坏

B．对磁盘驱动器的破坏

C．对 CPU 的破坏

D．对存储在硬盘上的程序、数据甚至系统的破坏

（108）下列关于计算机病毒的描述，正确的是 _____。

A．正版软件不会受到计算机病毒的攻击

B．光盘上的软件不可能携带计算机病毒

C．计算机病毒是一种特殊的计算机程序，因此数据文件中不可能携带病毒

D．对任何计算机病毒都有清除的办法

（109）计算机病毒的危害表现为 ______。

A．能造成计算机芯片的永久性失效

B．使磁盘霉变

C．影响程序运行，破坏计算机系统的数据与程序

D．切断计算机系统电源

（110）计算机病毒 ______。

A．不会对计算机操作人员造成身体伤害

B．会导致所有计算机操作人员感染患病

C．会导致部分计算机操作人员感染患病

D．会导致部分计算机操作人员感染病毒，但不会致病

（111）为防止计算机病毒传染，应该做到 ______。

A．无计算机病毒的 U 盘不要与来历不明的 U 盘放在一起

B．不要复制来历不明的 U 盘中的程序

C．长时间不用的 U 盘要经常格式化

D．U 盘中不要存放可执行程序

（112）对声音波形采样时，采样频率越高，声音文件的数据量 ______。

A．越小　　B．越大　　C．不变　　D．无法确定

（113）以 jpg 为扩展名的文件通常是 ______。

A．文本文件　　B．音频信号文件　　C．图像文件　　D．视频信号文件

（114）对一个图形来说，用位图格式存储与用矢量格式存储所占用的空间相比 ______。

A．更小　　B．更大　　C．相同　　D．无法确定

（115）以 wav 为扩展名的文件通常是 ______。

A．文本文件　　B．音频信号文件　　C．图像文件　　D．视频信号文件

（116）若对音频信号以 10kHz 的采样率、16 位量化精度进行数字化，则每分钟的双声道数字化声音信号产生的数据量约为 ______。

A．1.2MB　　B．1.6MB　　C．2.4MB　　D．4.8MB

（117）一般说来，数字化声音的质量越高，则要求 ______。

A．量化位数越少、采样率越低　　B．量化位数越多、采样率越高

C．量化位数越少、采样率越高　　D．量化位数越多、采样率越低

（118）计算机的技术性能指标主要指 ______。

A．计算机所配备的程序设计语言、操作系统、外部设备

B．计算机的可靠性、可维护性和可用性

C．显示器的分辨率、打印机的性能等

D．字长、主频、运算速度、内 / 外存容量

（119）声音与视频信息在计算机内的表现形式是 ______。

A．二进制数字　　B．调制信号

C．模拟信息　　D．模拟信息或数字信息

（120）JPEG 是一个用于数字信号压缩的国际标准，其压缩对象是 ______。

A．文本　　B．音频信号　　C．静态图像　　D．视频信号

（121）目前有许多不同的音频文件格式，下列不属于数字音频文件格式的是 ______。

A．WAV　　B．GIF　　C．MP3　　D．MID

（122）计算机系统由 ______ 两部分组成。

A．硬件系统和软件系统　　B．主机和外部设备

C．系统软件和应用软件　　D．输入设备和输出设备

（123）汇编语言是一种 ______。

A．依赖于计算机的低级程序设计语言　　B．计算机能直接执行的程序设计语言

C．独立于计算机的高级程序设计语言　　D．执行效率较低的程序设计语言

（124）计算机硬件能直接识别、执行的语言是 ______。

A．汇编语言　　B．机器语言　　C．高级程序语言　　D．C++ 语言

（125）在下列描述中，正确的是 ______。

A．C++ 是一种高级程序设计语言

B．用 C++ 程序设计语言编写的程序无须经过编译就能直接在计算机上运行

C．汇编语言是一种低级程序设计语言，它们的执行效率很低

D．机器语言和汇编语言是同一种语言的不同名称

（126）为了提高软件开发效率，开发软件时应尽量采用 ______。

A．汇编语言　　B．机器语言　　C．指令系统　　D．高级语言

（127）在下列描述中正确的是 ______。

A．用高级语言编写的程序称为源程序

B．计算机能直接识别、执行用汇编语言编写的程序

C．用机器语言编写的程序执行效率最低

D．不同型号的 CPU 具有相同的机器语言

（128）CPU 的指令系统又称为 ______。

A．汇编语言　　B．机器语言　　C．程序设计语言　　D．符号语言

（129）下列关于计算机软件的定义较准确的是 ______。

A．计算机软件是计算机程序、数据与相应文档的总称

B．计算机软件是系统软件与应用软件的总和

C．计算机软件是操作系统、数据库管理软件与应用软件的总和

D．计算机软件是各类应用软件的总称

（130）用高级语言编写的程序 ______。

A．计算机能直接执行　　B．具有良好的可读性和可移植性

C．执行效率高　　D．依赖于具体机器

（131）在下列各类计算机程序语言中，不属于高级语言的是 ______。

A．Visual Basic 编程语言　　B．C++ 语言

C．FORTAN 语言　　D．汇编语言

（132）将用高级语言编写的程序转换成等价的可执行程序，必须经过 ______。

A．汇编和解释　　B．编辑和链接

C．编译和链接　　D．解释和编译

（133）在下列描述中正确的是______。

A．用高级语言编写的程序可移植性差

B．机器语言就是汇编语言，只是名称不同而已

C．指令是由一串二进制数 0 和 1 组成的

D．用机器语言编写的程序可读性好

（134）将用高级程序设计语言编写的源程序翻译成目标程序的程序被称为______。

A．汇编程序　B．编辑程序　C．编译程序　D．解释程序

（135）解释程序的功能是______。

A．解释执行汇编语言程序　B．解释执行高级语言程序

C．将汇编语言程序解释成目标程序　D．将高级语言程序解释成目标程序

（136）在下列描述中正确的是______。

A．计算机不能直接执行高级语言源程序，但可以直接执行汇编语言源程序

B．高级语言与 CPU 的型号无关，但汇编语言与 CPU 的型号有关

C．高级语言源程序不如汇编语言源程序的可读性好

D．高级语言程序不如汇编语言程序的可移植性好

（137）下列说法正确的是______。

A．CPU 可直接处理外存储器上的信息

B．计算机可以直接执行用高级语言编写的程序

C．计算机可以直接执行用机器语言编写的程序

D．系统软件是买来的软件，应用软件是用户自己编写的软件

（138）在下列描述中正确的是______。

A．用高级语言编写的程序的可移植性好

B．用高级语言编写的程序的运行效率最高

C．用机器语言编写的程序执行效率最低

D．用高级语言编写的程序的可读性最差

（139）面向对象的程序设计语言是一种______。

A．依赖于计算机的低级语言　B．计算机能直接执行的程序设计语言

C．可移植性较好的高级语言　D．执行效率较高的程序设计语言

（140）在各类程序设计语言中，相比较而言，执行效率最高的是______。

A．用高级语言编写的程序　B．用汇编语言编写的程序

C．用机器语言编写的程序　D．用面向对象的语言编写的程序

（141）以下语言本身不能作为网页开发语言的是______。

A．C++　B．ASP　C．JSP　D．HTML

（142）编译程序将高级语言程序翻译成与之等价的机器语言程序，该机器语言程序被称为______。

A．工作程序　B．机器程序　C．临时程序　D．目标程序

（143）与高级语言相比，用汇编语言编写的程序通常______。

A．执行效率更高 B．更短 C．可读性更好 D．可移植性更好

（144）用助记符代替操作码、用地址符号代替操作数的面向机器的语言是______。

A．汇编语言 B．FORTRAN 语言 C．机器语言 D．高级语言

（145）将目标程序（.OBJ）转换成可执行文件（.EXE）的程序被称为______。

A．编辑程序 B．编译程序 C．链接程序 D．汇编程序

（146）汇编语言程序______。

A．相较于高级语言程序具有较好的可移植性

B．相较于高级语言程序具有较好的可读性

C．相较于机器语言程序具有较好的可移植性

D．相较于机器语言程序具有较高的执行效率

（147）下列选项属于计算机程序设计语言的是______。

A．ACDSee B．Visual Basic C．WinZip D．Wave Edit

（148）下列选项属于面向对象的程序设计语言的是______。

A．Java 和 C B．Java 和 C++

C．Visual Basic 和 C D．Visual Basic 和 Word

（149）高级程序设计语言的特点是______。

A．数据结构丰富

B．高级语言与具体的机器结构密切相关

C．高级语言接近于算法语言，不易掌握

D．用高级语言编写的程序计算机可立即执行

（150）下列说法错误的是______。

A．汇编语言是一种依赖于计算机的低级程序设计语言

B．计算机可以直接执行机器语言程序

C．高级语言通常都具有执行效率高的特点

D．为提高开发效率，开发软件时应尽量采用高级语言

（151）在下列程序设计语言中属于低级语言的是______。

A．FORTRAN 语言 B．Java 语言

C．Visual Basic 语言 D．80×86 汇编语言

（152）在早期的计算机语言中，所有的指令、数据都用一串二进制数 0 和 1 表示，这种语言被称为______。

A．Basic 语言 B．机器语言 C．汇编语言 D．Java 语言

（153）下列说法正确的是______。

A．与汇编译方式执行程序相比，解释方式执行程序的效率更高

B．与汇编语言相比，高级语言程序的执行效率更高

C．与机器语言相比，汇编语言程序的可读性更差

D．以上 3 项都不对

（154）将汇编语言源程序翻译成目标程序（.OBJ）的程序被称为______。

A．编辑程序　B．编译程序　C．链接程序　D．汇编程序

（155）面向对象的程序设计语言是______。

A．汇编语言　B．机器语言　C．高级语言　D．形式语言

（156）以下关于编译程序的说法正确的是______。

A．编译程序可直接生成可执行文件

B．编译程序可直接执行源程序

C．编译程序可完成从高级语言程序到低级语言程序的等价翻译

D．各种编译程序的构造都比较复杂，所以执行效率高

（157）用 C 语言编写的程序被称为______。

A．可执行程序　B．源程序

C．目标程序　D．编译程序

（158）下列说法正确的是______。

A．编译程序的功能是将高级语言源程序编译成目标程序

B．解释程序的功能是解释执行汇编语言程序

C．Intel 8086 指令不能在 Intel P4 上执行

D．C++ 语言和 Basic 语言都是高级语言，因此它们的执行效率相同

（159）一个完整的计算机软件应包含______。

A．系统软件和应用软件　B．编辑软件和应用软件

C．数据库软件和工具软件　D．程序、相应的数据和文档

（160）在下列说法中，正确的是______。

A．只要将用高级语言编写的源程序文件（如 try.C）的扩展名更改为 exe，那么该文件就成为可执行文件了

B．高档计算机可以直接执行用高级语言编写的程序

C．高级语言源程序只有经过编译和链接后才能成为可执行程序

D．用高级语言编写的程序的可移植性和可读性都很差

（161）以下关于编译程序的说法正确的是______。

A．编译程序属于计算机应用软件，所有用户都需要编译程序

B．编译程序不会生成目标程序，而是直接执行源程序

C．编译程序可完成从高级语言程序到低级语言程序的等价翻译

D．编译程序的构造比较复杂，一般不进行出错处理

（162）编译程序属于______。

A．系统软件　B．应用软件　C．操作系统　D．数据库管理软件

（163）①字处理软件，② Linux，③ UNIX，④学籍管理系统，⑤ Windows 10，⑥ Office 2016，在以上 6 个软件中，属于系统软件的有______。

A．①，②，③　B．②，③，⑤

C．①，②，③，⑤　D．全部都不是

（164）在下列软件中，属于应用软件的是______。

A．Windows 10　　B．PowerPoint 2016

C．UNIX　　D．Linux

（165）在下列各组软件中，属于应用软件的一组是______。

A．Windows 10 和管理信息系统　　B．UNIX 和文字处理程序

C．Linux 和视频播放系统　　D．Office 2016 和军事指挥程序

（166）在下列软件中，属于系统软件的是______。

A．C++ 编译程序　B．Excel 2016　　C．学籍管理系统　D．财务管理系统

（167）在计算机系统软件中，最基本、最核心的软件是______。

A．操作系统　　B．数据库管理系统

C．程序语言处理系统　　D．系统维护工具

（168）在下列说法中错误的是______。

A．计算机可以直接执行用机器语言编写的程序

B．光盘是一种存储介质

C．操作系统是应用软件

D．计算机速度用 MIPS 表示

（169）在下列描述中错误的是______。

A．计算机系统由硬件系统和软件系统组成

B．计算机软件由各类应用软件组成

C．CPU 主要由运算器和控制器组成

D．计算机主机由 CPU 和内存储器组成

（170）在下列描述中错误的是______。

A．把数据从内存储器传输到硬盘的操作被称为写盘

B．Windows 属于应用软件

C．把用高级语言编写的程序转换为用机器语言编写的目标程序的过程叫编译

D．计算机内部对数据的传输、存储和处理都使用二进制

（171）一个完整的计算机系统应该包括______。

A．主机、鼠标、键盘和显示器

B．系统软件和应用软件

C．主机、显示器、键盘和音箱等外部设备

D．硬件系统和软件系统

（172）以下选项是手机中的常用软件，其中属于系统软件的是______。

A．Android　　B．QQ　　C．Skype　　D．微信

（173）操作系统的主要功能是______。

A．对用户的数据文件进行管理，为用户管理文件提供方便

B．对计算机的所有资源进行统一的控制和管理，为用户使用计算机提供方便

C．对源程序进行编译和运行

D．对汇编语言程序进行翻译

（174）操作系统对磁盘进行读 / 写操作的物理单位是______。

A．磁道　　B．字节　　C．扇区　　D．文件

（175）操作系统中的文件管理系统为用户提供的功能是______。

A．按文件作者存取文件　　B．按文件名管理文件

C．按文件创建日期存取文件　　D．按文件大小存取文件

（176）在下列选项中，完整描述计算机操作系统作用的是______。

A．它是用户与计算机的交互界面

B．它对用户存储的文件进行管理，为用户提供方便

C．它执行用户输入的各类命令

D．它管理计算机系统的全部软、硬件资源，合理组织计算机的工作流程，以达到充分利用计算机资源的作用，为用户提供使用计算机的友好界面

（177）操作系统将 CPU 的时间资源划分成极短的时间片，轮流分配给各终端用户，使终端用户单独享有 CPU 的时间片，有独占计算机的感觉，这种操作系统被称为______。

A．实时操作系统　　B．批处理操作系统

C．分时操作系统　　D．分布式操作系统

（178）微机上广泛使用的 Windows 系统是______。

A．多任务操作系统　　B．单任务操作系统

C．实时操作系统　　D．批处理操作系统

（179）在下列关于操作系统的描述中，正确的是______。

A．操作系统是计算机软件系统中的核心软件

B．操作系统属于应用软件

C．Windows 是 PC 唯一的操作系统

D．操作系统的五大功能是启动、打印、显示、文件存取和关机

（180）计算机操作系统通常具有的五大功能是______。

A．CPU 管理、显示器管理、键盘管理、打印机管理和鼠标管理

B．硬盘管理、U 盘管理、CPU 的管理、显示器管理和键盘管理

C．CPU 管理、存储管理、文件管理、设备管理和作业管理

D．启动、打印、显示、文件存取和关机

（181）操作系统管理用户数据的单位是______。

A．扇区　　B．文件　　C．磁道　　D．文件夹

（182）操作系统是______。

A．主机与外设的接口　　B．用户与计算机的接口

C．系统软件与应用软件的接口　　D．高级语言与汇编语言的接口

（183）以 txt 为扩展名的文件通常是______。

A．文本文件　　B．音频信号文件

C．图像文件　　D．视频信号文件

（184）下列关于操作系统的描述，正确的是 ______。

A．操作系统中只有程序没有数据

B．操作系统提供的人机交互接口其他软件无法使用

C．操作系统是最重要的一种应用软件

D．一台计算机可以安装多个操作系统

（185）下列说法正确的是 ______。

A．进程是一段程序　　B．进程是一段程序的执行过程

C．线程是一段子程序　　D．线程是多个进程的执行过程

（186）根据操作系统的分类，UNIX 操作系统属于 ______。

A．批处理操作系统　　B．实时操作系统

C．分时操作系统　　D．单用户操作系统

（187）下列说法正确的是 ______。

A．一个进程会伴随着其程序执行的结束而消亡

B．一段程序会伴随着其进程的结束而消亡

C．任何进程在执行未结束时不允许被强行终止

D．任何进程在执行未结束时都可以被强行终止

（188）计算机操作系统的最基本特征是 ______。

A．并发和共享　B．共享和虚拟　C．虚拟和异步　D．异步和并发

（189）计算机操作系统的主要功能是 ______。

A．管理计算机系统的软硬件资源，以充分利用计算机资源，并为其他软件提供良好的运行环境

B．将用高级语言和汇编语言编写的程序翻译为计算机硬件可以直接执行的目标程序，为用户提供良好的软件开发环境

C．对各类计算机文件进行有效的管理，并提交给计算机硬件进行高效处理

D．为用户提供方便地操作和使用计算机的环境

（190）Windows 10 是 ______。

A．多用户多任务操作系统　　B．单用户多任务操作系统

C．实时操作系统　　D．多用户分时操作系统

（191）DVD-ROM 属于 ______。

A．大容量可读可写外存储器　　B．大容量只读外部存储器

C．CPU 可直接存取的存储器　　D．只读内存储器

（192）ROM 中的信息是 ______。

A．由计算机制造厂商预先写入的　　B．在系统安装时写入的

C．由用户根据自己的需求随时写入的　D．由程序临时存入的

（193）配置 Cache 是为了解决 ______。

A．内存与外存之间速度不匹配的问题

B．CPU 与外存之间速度不匹配的问题

C．CPU 与内存之间速度不匹配的问题

D．主机与外部设备之间速度不匹配的问题

（194）对 CD-ROM 可以进行的操作是______。

A．读或写　B．只能读不能写　C．只能写不能读　D．能存不能取

（195）把内存中的数据传输到计算机的硬盘中的操作被称为______。

A．显示　B．写盘　C．输入　D．读盘

（196）在下面关于 U 盘的描述中，错误的是______。

A．U 盘有基本型、增强型和加密型 3 种

B．U 盘的特点是重量轻、体积小

C．U 盘多固定在机箱内，不便于携带

D．断电后，U 盘还能保留存储的数据不丢失

（197）移动硬盘或 U 盘连接计算机所使用的接口通常是______。

A．RS-232C 接口　B．并行接口

C．USB 接口　D．UBS 接口

（198）在下列说法中，错误的是______。

A．硬盘驱动器和盘片是密封在一起的，不能随意更换盘片

B．硬盘可以是由多张盘片组成的盘片组

C．硬盘的技术指标除容量外，还有转速

D．硬盘安装在机箱内，属于主机的组成部分

（199）在下列描述中，错误的是______。

A．硬盘安装在主机箱内，它是主机的组成部分

B．硬盘属于外部存储器

C．硬盘驱动器既可用作输入设备又可用作输出设备

D．硬盘与 CPU 之间不能直接交换数据

（200）硬盘属于______。

A．内部存储器　B．外部存储器　C．只读存储器　D．输出设备

（201）下列关于 USB 的描述，错误的是______。

A．USB 接口的尺寸比并行接口大得多

B．USB 2.0 的数据传输率大大高于 USB 1.1

C．USB 具有热插拔与即插即用的功能

D．在 Windows 10 系统中，使用 USB 接口连接的外部设备（如移动硬盘、U 盘等）不需要驱动程序

（202）下列关于 RAM 的描述，正确的是______。

A．RAM 分静态 RAM（SRAM）和动态 RAM（DRAM）两大类

B．SRAM 的集成度比 DRAM 高

C．DRAM 的存取速度比 SRAM 快

D．DRAM 中存储的数据无须“刷新”

（203）用来存储当前正在运行的应用程序和其相应数据的存储器是 ______。

A．RAM　　B．硬盘　　C．ROM　　D．CD-ROM

（204）下列关于磁道的描述，正确的是 ______。

A．盘面上的磁道是一组同心圆

B．由于每一磁道的周长不同，所以每一磁道的存储容量也不同

C．盘面上的磁道是一条阿基米德螺线

D．磁道的编号是最内圈为 0，并按次序由内向外逐渐增大，最外圈的编号最大

（205）当电源关闭后，下列关于存储器的描述正确的是 ______。

A．存储在 RAM 中的数据不会丢失　　B．存储在 ROM 中的数据不会丢失

C．存储在 U 盘中的数据会全部丢失　　D．存储在硬盘中的数据会丢失

（206）英文缩写 ROM 的中文译名是 ______。

A．高速缓冲存储器　　B．只读存储器

C．随机存取存储器　　D．优盘

（207）下列关于 RAM 的描述，正确的是 ______。

A．存储在 SRAM 或 DRAM 中的数据在断电后将全部丢失且无法恢复

B．SRAM 的集成度比 DRAM 高

C．DRAM 的存取速度比 SRAM 快

D．DRAM 常被用作 Cache

（208）计算机内存中用于存储信息的部件是 ______。

A．U 盘　　B．ROM　　C．硬盘　　D．RAM

（209）下列描述中，错误的是 ______。

A．硬盘可以直接与 CPU 交换数据

B．硬盘在主机箱内，可以存放大量文件

C．硬盘是外存储器之一

D．硬盘的技术指标之一是每分钟的转速

（210）移动硬盘与 U 盘相比，最大的优势是 ______。

A．容量大　　B．速度快　　C．安全性高　　D．兼容性好

（211）目前使用的硬盘，在其读 / 写寻址过程中 ______。

A．盘片静止，磁头沿圆周方向旋转　　B．盘片旋转，磁头静止

C．盘片旋转，磁头沿盘片径向运动　　D．盘片与磁头都静止不动

（212）微机的内存按 ______。

A．二进制位编址　　B．十进制位编址

C．字长编址　　D．字节编址

（213）ROM 指 ______。

A．随机存储器　　B．只读存储器　　C．外存储器　　D．辅助存储器

（214）10GB 的硬盘表示其存储容量为 ______。

A．一万 Bytes　　B．一千万 Bytes　　C．一亿 Bytes　　D．一百亿 Bytes

（215）在下列描述中，错误的是 ______。

A．内存储器一般由 ROM 和 RAM 组成

B．RAM 中存储的数据一旦断电就会全部丢失

C．CPU 不能访问内存储器

D．存储在 ROM 中的数据断电后也不会丢失

（216）除硬盘容量大小外，下列选项中也属于硬盘技术指标的是 ______。

A．转速　B．平均访问时间　C．传输速率　D．全部

（217）在下列描述中，正确的是 ______。

A．内存中存放的只有程序代码

B．内存中存放的只有数据

C．内存中存放的既有程序代码又有数据

D．外存中存放的是当前正在执行的程序代码和所需的数据

（218）RAM 的最大特点是 ______。

A．存储量极大，属于海量存储器

B．存储在其中的信息可以永久保存

C．一旦断电，存储在其上的信息将全部消失且无法恢复

D．只是用来存储计算机中的数据的

（219）在下列各存储器中，存取速度最快的一种是 ______。

A．RAM　B．光盘　C．U 盘　D．硬盘

（220）在 CD 光盘上标记有“CD-RW”字样，“RW”标记表明该光盘是 ______。

A．只能写入一次，可以反复读出的一次性写入光盘

B．可多次擦除型光盘

C．只能读出，不能写入的只读光盘

D．其驱动器单倍速为 1 350kbit/s 的高密度可读写光盘

（221）Cache 的中文译名是 ______。

A．缓冲器　B．只读存储器

C．高速缓冲存储器　D．可编程只读存储器

（222）UPS 的中文译名是 ______。

A．稳压电源　B．不间断电源　C．高能电源　D．调压电源

（223）计算机指令主要存放在 ______ 中。

A．内存　B．CPU　C．硬盘　D．键盘

（224）微机硬件系统中最核心的部件是 ______。

A．内存储器　B．输入输出设备　C．CPU　D．硬盘

（225）在计算机中，每个存储单元都有一个连续的编号，此编号被称为 ______。

A．地址　B．位置号　C．门牌号　D．房号

（226）在下列关于 CPU 的描述中，正确的是 ______。

A．CPU 能直接读取硬盘上的数据

B．CPU 能直接与内存储器交换数据

C．CPU 的主要组成部分是存储器和控制器

D．CPU 主要用来执行算术运算

（227）计算机的系统总线是计算机各部件间传递信息的公共通道，它分为 ______。

A．数据总线和控制总线　　B．地址总线和数据总线

C．数据总线、控制总线和地址总线　　D．地址总线和控制总线

（228）能直接与 CPU 交换信息的存储器是 ______。

A．硬盘存储器　B．CD-ROM　C．内存储器　D．U 盘存储器

（229）计算机指令的两个组成部分是 ______。

A．数据和字符　　B．操作码和地址码

C．运算符和运算数　　D．运算符和运算结果

（230）在微机的配置中可看到“P4 2.4G”字样，其中“2.4G”表示 ______。

A．处理器的时钟频率是 2.4 GHz

B．处理器的运算速度是 2.4 GIPS

C．处理器是 Pentium 4 第 2.4 代

D．处理器与内存间的数据交换速率是 2.4Gbit/s

（231）字长是 CPU 的主要性能指标之一，它表示 ______。

A．CPU 一次能处理的二进制数据的位数

B．CPU 中最长的十进制整数的位数

C．CPU 中最大的有效数字位数

D．CPU 计算结果的有效数字长度

（232）通常所说的计算机的主机指 ______。

A．CPU 和内存　　B．CPU 和硬盘

C．CPU、内存和硬盘　　D．CPU、内存与 CD-ROM

（233）控制器的功能是 ______。

A．指挥、协调计算机各相关硬件的工作

B．指挥、协调计算机各相关软件的工作

C．指挥、协调计算机各相关硬件和软件的工作

D．控制数据的输入和输出

（234）影响一台计算机性能的关键部件是 ______。

A．CD-ROM　B．硬盘　C．CPU　D．显示器

（235）在 CPU 中，除了内部总线和必要的寄存器，主要的两大部件分别是运算器和 ______。

A．控制器　B．存储器　C．Cache　D．编辑器

（236）在下列描述中正确的是 ______。

A．CPU 能直接读取硬盘上的数据

B．CPU 能直接存取内存储器上的数据

C．CPU 由存储器、运算器和控制器组成

D．CPU 主要用来存储程序和数据

（237）CPU 的主要技术性能指标有______。

A．字长、主频和运算速度　　B．可靠性和精度

C．耗电量和效率　　D．冷却效率

（238）在下列度量单位中，用来度量 CPU 时钟主频的是______。

A．MB/s　　B．MIPS　　C．GHz　　D．MB

（239）计算机的主要技术指标通常指______。

A．所配备的系统软件的版本

B．CPU 的时钟频率、运算速度、字长和存储容量

C．扫描仪的分辨率、打印机的配置

D．硬盘容量的大小

（240）在下列描述中正确的是______。

A．计算机的体积越大，功能越强

B．微机的 CPU 主频越高，其运算速度越快

C．两个显示器的屏幕大小相同，它们的分辨率也相同

D．激光打印机能打印的汉字比喷墨打印机多

（241）在计算机指令中，规定其所执行操作功能的部分称为______。

A．地址码　　B．源操作数　　C．操作数　　D．操作码

（242）下列关于指令系统的描述，正确的是______。

A．指令由操作码和控制码两部分组成

B．指令的地址码部分可能是操作数，也可能是操作数的内存单元地址

C．指令的地址码部分是不可缺少的

D．指令的操作码部分描述了完成指令所需要的操作数类型

（243）计算机有多种技术指标，其中主频指______。

A．内存的时钟频率　　B．CPU 内核工作的时钟频率

C．系统时钟频率，也叫外频　　D．总线频率

（244）32 位微机中的 32 指______。

A．CPU 的功耗　　B．CPU 的字长　　C．CPU 的主频　　D．CPU 的型号

（245）在外部设备中，扫描仪属于______。

A．输出设备　　B．存储设备　　C．输入设备　　D．特殊设备

（246）在下列设备中，可以作为微机输入设备的是______。

A．打印机　　B．显示器　　C．鼠标　　D．绘图仪

（247）在下列设备组中，完全属于输入设备的一组是______。

A．CD-ROM 驱动器、键盘、显示器　　B．绘图仪、键盘、鼠标

C．键盘、鼠标、扫描仪　　D．打印机、硬盘、条码阅读器

（248）在微机中，I/O 设备指______。

A．控制设备　　B．输入 / 输出设备　　C．输入设备　　D．输出设备

（249）摄像头属于______。

A．控制设备　B．存储设备　C．输出设备　D．输入设备

（250）在下列描述中，正确的是______。

A．光盘驱动器属于主机，而光盘属于外设

B．摄像头属于输入设备，而投影仪属于输出设备

C．U 盘即可以用作外存，也可以用作内存

D．硬盘是辅助存储器，不属于外设

（251）在下列设备中，不能作为微机输出设备的是______。

A．鼠标　B．打印机　C．显示器　D．绘图仪

（252）在下列选项中，既可作为输入设备又可作为输出设备的是______。

A．扫描仪　B．绘图仪　C．鼠标　D．磁盘驱动器

（253）通常打印质量最好的打印机是______。

A．针式打印机　B．点阵打印机

C．喷墨打印机　D．激光打印机

（254）在下列设备组中，完全属于计算机输出设备的一组是______。

A．喷墨打印机、显示器、键盘

B．激光打印机、键盘、鼠标

C．键盘、鼠标、扫描仪

D．打印机、绘图仪、显示器

（255）在下列选项中，不属于显示器的主要技术指标的是______。

A．分辨率　B．重量

C．像素的点距　D．显示器的尺寸

（256）属于显示器的主要技术指标之一的是______。

A．分辨率　B．亮度　C．彩色　D．对比度

（257）在下列设备组中，完全属于外部设备的一组是______。

A．CD-ROM 驱动器、CPU、键盘、显示器

B．激光打印机、键盘、CD-ROM 驱动器、鼠标

C．主存储器、CD-ROM 驱动器、扫描仪、显示器

D．打印机、CPU、内存储器、硬盘

（258）在微机中，VGA 属于______。

A．微机的型号　B．显示器的型号　C．显示标准　D．打印机的型号

（259）某 800 万像素的数码相机，其拍摄出的照片的最高分辨率大约是______。

A．3 200 像素 ×2 400 像素　B．2 048 像素 ×1 600 像素

C．1 600 像素 ×1 200 像素　D．1 024 像素 ×768 像素

（260）显示器的参数为 1 024 像素 ×768 像素，它表示______。

A．显示器的分辨率　B．显示器的颜色指标

C．显示器的屏幕大小　D．显示每个字符的列数和行数

（261）显示器的分辨率为 1 024 像素 ×768 像素，若能同时显示 256 种颜色，则表示存储器的容量至少为______。

A．192KB　　B．384KB　　C．768KB　　D．1 536KB

（262）液晶显示器的主要技术指标不包括______。

A．显示分辨率　　B．显示速度　　C．亮度和对比度　　D．存储容量

（263）用 MIPS 衡量的计算机性能指标是______。

A．处理能力　　B．存储容量　　C．可靠性　　D．运算速度

（264）运算器的完整功能是进行______。

A．逻辑运算　　B．算术运算和逻辑运算

C．算术运算　　D．逻辑运算和微积分运算

（265）奔腾（Pentium）微机的字长是______。

A．8bits　　B．16bits　　C．32bits　　D．64bits

（266）Pentium 4 的 CPU 的字长是______。

A．8bits　　B．16bits　　C．32bits　　D．64bits

（267）运算器的功能是______。

A．只能进行逻辑运算　　B．对数据进行算术运算或逻辑运算

C．只能进行算术运算　　D．做初等函数的计算

（268）微机的字长是 4Bytes，这意味着______。

A．它能处理的最大数值为 4 位十进制数 9 999

B．它能处理的字符串最多由 4 个字符组成

C．在 CPU 中作为一个整体加以传送处理的为 32 位二进制代码

D．在 CPU 中运算的最大结果为 2^{32}

（269）下列不能用作存储容量单位的是______。

A．Byte　　B．GB　　C．MIPS　　D．KB

项目二 计算机网络

模块一 Internet 的应用

案例示范 1　页面浏览

操作要求

使用 URL 地址进入“四川职业技术学院”网站，并在“四川职业技术学院”网站的首页以单击超链接的方式浏览“教务在线”页面。

操作步骤

（1）启动 IE 浏览器。

（2）在地址栏中输入四川职业技术学院的 URL 地址，按【Enter】键后即可打开“四川职业技术学院”网站的主页。

（3）如图 2-1 所示，将鼠标指针按“教学管理”→“教学管理”→“新教务在线（内网）”的顺序移动，当鼠标指针在“新教务在线（内网）”上变成手形时，单击鼠标左键即可进入“新教务在线（内网）”网页。

图 2-1　“四川职业技术学院”网站首页导航栏

案例示范 2　Web 页面的保存

操作要求

进入“四川职业技术学院”网站，打开“学院概况”→“历史沿革”子页面。将该页面以“历史沿革 .htm”为名保存在 D 盘根目录下。

操作步骤

（1）启动 IE 浏览器。在地址栏中输入四川职业技术学院的 URL 地址，按【Enter】键进入网站。

（2）将鼠标指针按“学院概况”→“历史沿革”的顺序移动，当鼠标指针在“历史沿革”上变成手形时，单击鼠标左键即可进入“历史沿革”页面。

（3）按【Alt】键显示菜单栏，执行“文件”→“另存为”命令，如图 2-2 所示，弹出“保存网页”对话框。选择要保存文件的路径，在“文件名”文本框中输入文件名。

图 2-2　单击“另存为”命令

（4）在“保存类型”的下拉列表中选择“网页，全部（*.htm；*.html）”选项。

（5）单击“保存”按钮。

案例示范 3　Web 页面中图片的保存

操作要求

进入“四川职业技术学院”网站，将首页上“校门全貌”的图片保存在 D 盘根目录下，文件名为“校门全貌 .jpg”。

操作步骤

（1）启动“校门全貌”IE 浏览器。在地址栏中输入四川职业技术学院的 URL 地址，按【Enter】键进入网站。

（2）找到“校门全貌”图片，将鼠标指针置于图片上并单击鼠标右键，在弹出的快捷菜单中选择“图片另存为”命令，弹出“保存图片”对话框。

（3）在其中选择要保存文件的路径，在“文件名”文本框中输入“校门全貌 .jpg”，保存类型选择“JPEG（*.jpg）”。

（4）单击“保存”按钮。

案例示范 4　Web 页面中文字的保存

操作要求

进入“四川职业技术学院”网站，单击“学院概况”，打开以“学院简介”为标题的页面，将学院简介（含标题）中的文字复制到文本文件“四川职业技术学院简介 .txt”中并将该文件保存在 D 盘根目录下。

操作步骤

（1）启动 IE 浏览器。在地址栏中输入四川职业技术学院的 URL 地址，按【Enter】键进入网站。

（2）单击“学院概况”，打开以“学院简介”为标题的页面，按住鼠标左键并拖曳鼠标，选定想要保存的页面文字。

（3）按【Ctrl+C】组合键将选定的内容复制到剪贴板。

（4）打开一个空白的记事本文件，按【Ctrl+V】组合键将剪贴板中的内容粘贴到记事本文件中。

（5）执行“文件”→“保存”命令，为当前新建的文件命名并指定保存位置，然后单击“保存”按钮保存文档。

案例示范 5　更改主页

操作要求

将 IE 浏览器的默认主页设置为四川职业技术学院网站首页。

操作步骤

（1）启动 IE 浏览器。

（2）单击“工具”按钮，弹出“Internet 选项”对话框。

（3）单击“常规”选项卡，如图 2-3 所示，在“主页”组中的地址框中输入四川职业技术学院的网址。

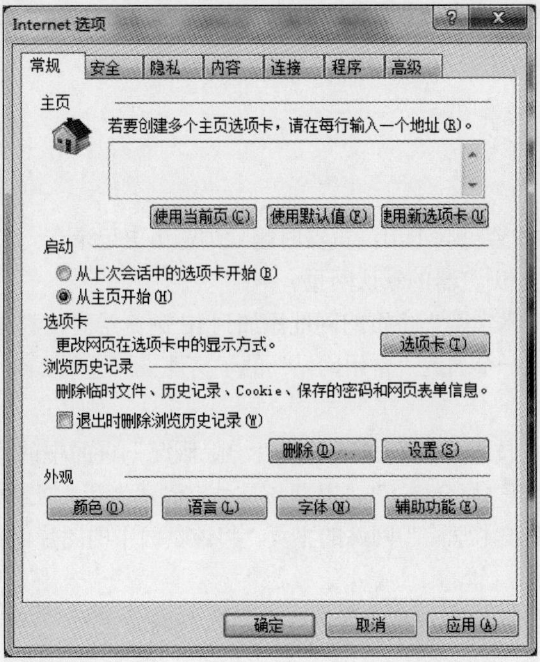

图 2-3　“Internet 选项”对话框的“常规”选项卡

如果想设置多个主页，可以在地址框中另起一行输入地址。

（4）设置好主页地址后，单击“确定”按钮可以关闭“Internet 选项”对话框，而单击“应用”按钮会使之前所做的更改生效但并不关闭“Internet 选项”对话框，以便用户进行其他设置。

案例示范 6　收藏夹的使用

操作要求

把百度主页的网址添加到收藏夹。

操作步骤

（1）启动 IE 浏览器。

（2）打开要收藏的网址。

（3）执行“收藏夹”→“添加到收藏夹”命令，在弹出的“添加收藏”对话框中选择保存收藏的位置并设置名称，再单击“添加”按钮即可完成收藏，如图 2-4 所示。

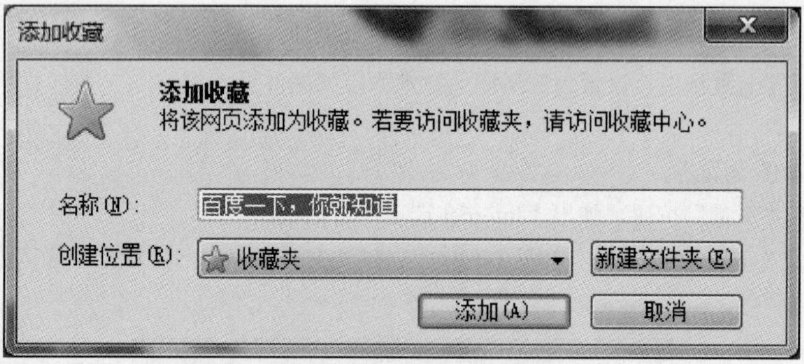

图 2-4　“添加收藏”对话框

实训集

操作要求

（1）在 IE 浏览器中设置每次退出浏览器时删除浏览历史记录。

（2）将空白页设为 IE 浏览器的默认网页。

（3）将“四川职业技术学院”主页的网址添加到 IE 浏览器的收藏夹的“链接”文件夹中。

（4）在收藏夹下新建一个名为“常用网站”的子文件夹，进入“新浪”网站后将其网址添加到“常用网站”文件夹中。

（5）打开“四川职业技术学院”网站下的“学院概况”页面中的“现任领导”子页面，将该页面中的所有文字保存至“简介 .txt”，并将该文件存到“考生”文件夹中。

（6）进入“四川职业技术学院”网站的主页，将该页面中的图片保存到“考生”文件夹中，文件名为“校徽 .jpg”。

（7）通过百度搜索“四川职业技术学院”并进入其网站主页，然后将学院主页网址添加到收藏夹中。

模块二 电子邮件的收发

案例示范 电子邮件的基本操作

操作要求

使用 Outlook 将邮件发送给 gaijun@sina.com、lingyu@sohu.com，采取抄送的方式同时将邮件发送给 exex_wg@163.com，另外以密件抄送的方式发给 wangyong11@sina.com。正文内容为"请认真阅读相关内容。"

操作步骤

（1）启动 Outlook，单击"新建电子邮件"按钮打开撰写新邮件的窗口，可以先将收件人 gaijun@sina.com，lingyu@sohu.com 填写在"收件人"文本框中。

（2）将 exex_wg@163.com 填写在"抄送"文本框中。

（3）然后单击"抄送"按钮，弹出"选择姓名：联系人"对话框，在"密件抄送"文本框中输入需要密件抄送的收件人 wangyong11@sina.com，如图 2-5 所示，单击"确定"按钮。

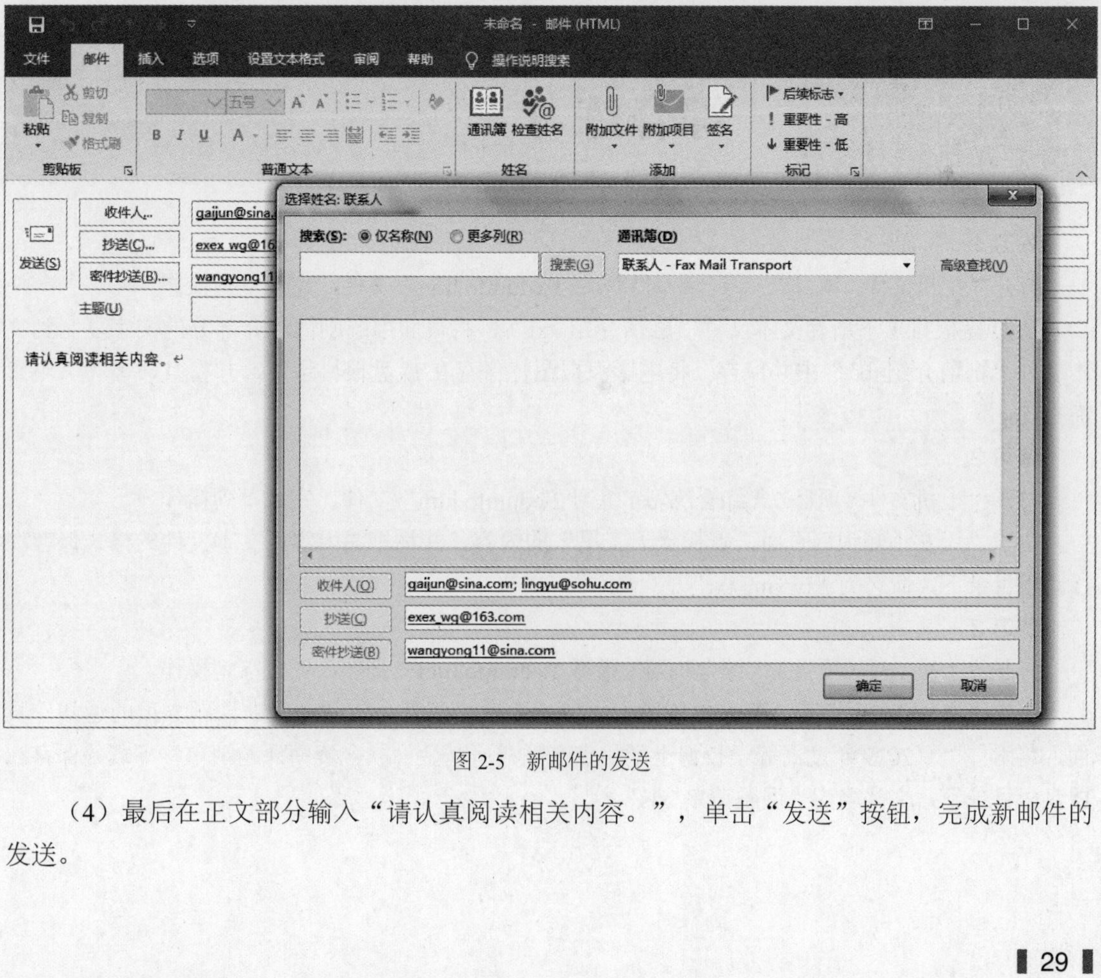

图 2-5 新邮件的发送

（4）最后在正文部分输入"请认真阅读相关内容。"，单击"发送"按钮，完成新邮件的发送。

实训集

操作要求

（1）将 xueshengliqing@163.com 添加到联系人中。

（2）配置“23456654@qq.com”邮箱为 Outlook 的账号，然后给自己的电子邮箱发送一封测试邮件。

（3）给张明和李强发送一封电子邮件，主题为“通知”。他们的电子邮箱地址分别是 SweetZhang123456 @ sina.com、Jonny @ sina.com。正文内容为“请务必按时到场，收到请回复！”

（4）给公司部门经理（Liling@mail.pchome.com.cn）发送一封有关生产报告的电子邮件，同时抄送给总经理（liuwf@mail.pchome.com.cn）。将“考生”文件夹下的文件“List.txt”作为附件一起发送。

（5）给朋友发送元旦祝福邮件，送上自己的祝福。新建一封电子邮件，收件人为 jeff_wang@sina.com，抄送至 Simon_redd@yahoo.com、zhangxinhua0610@163.com，同时密件抄送至 simplered@gmail.com。主题为“新年快乐！”正文内容为“快到元旦了，祝亲爱的朋友新年快乐，身体健康，工作顺利！”

（6）接收在操作要求（2）中为自己配置的邮箱收到的电子邮件，阅读后转发给 simplered@gmail.com，并将邮件正文的内容以文本文件的形式保存在“考生”文件下。

综合练习

练习 1

打开“上机文件 \ 项目二 \ 综合练习 \ 练习 1\eduinfo.htm”文件，完成下列操作。

在 D 盘根目录下新建文本文件“剧情介绍 .txt”，将页面中的剧情简介部分的文字复制到文本文件“剧情介绍 .txt”中并保存。将电影海报图片保存在 D 盘根目录下，并将其命名为“电影海报 .jpg”。

练习 2

打开“上机文件 \ 项目二 \ 综合练习 \ 练习 2\eduinfo.htm”文件，完成下列操作。

浏览“天文小知识”页面，查找“天王星”的内容，并将相关内容以文本文件的格式保存在 D 盘根目录下，命名为“twxing.txt”。

练习 3

打开“上机文件 \ 项目二 \ 综合练习 \ 练习 3\eduinfo.htm”文件，完成下列操作。

浏览“关于 2019 年度‘高等学校博士学科点专项科研基金’联合资助课题立项的通知”页面，将附件“‘2019 年度高等学校博士学科点专项科研基金’联合资助课题清单”下载并保存在 D 盘根目录下，文件名为“课题清单 .xls”。

练习 4

打开“上机文件 \ 项目二 \ 综合练习 \ 练习 4\eduinfo.htm”文件，完成下列操作。

找到“查看更多汽车品牌标志”链接，打开并浏览该页面，为该页面创建桌面快捷方式，然后将该快捷方式保存在 D 盘根目录下，最后删除桌面快捷方式。

练习 5

连接到 Internet，再启动 Outlook 2016，将 QQ 邮箱关联到 Outlook，再发送一封电子邮件，将“上机文件 \ 项目二 \ 综合练习 \ 练习 5\table.doc”作为附件一起发送。

收件人 E-mail 地址：自己的邮箱地址。

主题：“统计表”。

正文内容：“发出一份统计表，具体见附件。”

思辨集成

以下单选题涵盖了全国计算机等级考试大纲中的大部分知识要点，熟练掌握后有助于提高等级考试的成绩。

（1） 计算机网络的突出优点是 ______。

A．可靠性高　　B．计算机的存储容量大

C．运算速度快　　D．实现资源共享和快速通信

（2） 计算机网络的主要功能是实现 ______。

A．数据处理和网络游戏　　B．文献检索和网上聊天

C．快速通信和资源共享　　D．共享文件和收发邮件

（3） 计算机网络是计算机技术和 ______ 的结合。

A．自动化技术　　B．通信技术

C．电缆等传输技术　　D．信息技术

（4） 防火墙指 ______。

A．一个特定软件　　B．一个特定硬件

C．执行访问控制策略的一组系统　　D．一批硬件的总称

（5） 计算机网络是一个 ______。

A．管理信息系统　　B．编译系统

C．在协议控制下的多机互连系统　　D．网上购物系统

（6） 防火墙用于将 Internet 和内部网络隔离，因此它是 ______。

A．防止 Internet 火灾的硬件设施

B．抗电磁干扰的硬件设施

C．保护网线不受破坏的软件和硬件设施

D．维护网络安全和信息安全的软件和硬件设施

（7） 调制解调器的功能是 ______。

A．将计算机中的数字信号转换成模拟信号

B．将模拟信号转换成计算机中的数字信号

C．使数字信号与模拟信号相互转换

D．使用户上网与接电话两不耽误

（8） 拥有计算机并以拨号方式接入 Internet 的用户需要使用______。

A．CD-ROM　B．鼠标　C．U 盘　D．调制解调器

（9）调制解调器的主要技术指标是数据传输速率，它的度量单位是______。

A．MIPS　B．Mbit/s　C．dpi　D．KB

（10）调制解调器是计算机通过电话线接入 Internet 时所必需的硬件，它的作用是______。

A．只将数字信号转换为模拟信号　B．只将模拟信号转换为数字信号

C．使用户在上网的同时能打电话　D．使模拟信号和数字信号相互转换

（11）计算机网络中传输介质的传输速率的单位是 bit/s，其含义是______。

A．字节 / 秒　B．字 / 秒　C．字段 / 秒　D．二进制位 / 秒

（12）通信技术主要是用于扩展人的______。

A．处理信息功能　B．传递信息功能

C．收集信息功能　D．信息的控制与使用功能

（13）为了防止信息被别人窃取，可以为计算机设置开机密码，下列密码设置得较安全的是______。

A．12345678　B．nd@YZ@g1　C．NDYZ　D．Yingzhong

（14）为实现以 ADSL 方式接入 Internet，必须在计算机中内置或外置的一个关键硬设备是______。

A．网卡　B．集线器　C．服务器　D．调制解调器

（15）Internet 最初创建时的应用领域是______。

A．经济　B．军事　C．教育　D．外交

（16）Internet 的雏形是______。

A．CERNET　B．NCPC　C．ARPANET　D．DECnet

（17）一般而言，Internet 的防火墙建立在______。

A．每个子网的内部　B．内部子网之间

C．内部网络与外部网络的交叉点　D．以上 3 个选项都不对

（18）广域网中采用的交换技术大多是______。

A．电路交换　B．报文交换　C．分组交换　D．自定义交换

（19）在计算机网络中，英文缩写 WAN 的中文名称是______。

A．局域网　B．无线网　C．广域网　D．城域网

（20）以太网的拓扑结构是______。

A．星形　B．总线型　C．环形　D．树形

（21）若网络的各个节点均连接到同一条通信线路上，并且线路两端有防止信号反射的装置，则称这种拓扑结构为______。

A．总线型拓扑结构　B．星形拓扑结构

C．树形拓扑结构　D．环形拓扑结构

（22）若网络的各个节点通过中继器连接成一个闭合环路，则称这种拓扑结构为 ______。

A．总线型拓扑结构　　B．星形拓扑结构

C．树形拓扑结构　　D．环形拓扑结构

（23）在计算机网络中，若所有的计算机都连接到一个中心节点上，当一个网络节点需要传输数据时，首先传输到中心节点上，然后由中心节点转发到目的节点，则这种拓扑结构为 ______。

A．总线型拓扑结构　　B．环形拓扑结构

C．星形拓扑结构　　D．网状拓扑结构

（24）按照网络的拓扑结构划分，以太网属于 ______。

A．总线型拓扑结构　　B．树形拓扑结构

C．星形拓扑结构　　D．环形拓扑结构

（25）若要将计算机与局域网连接，必要的硬件是 ______。

A．集线器　　B．网关　　C．网卡　　D．路由器

（26）在计算机网络中，传输速率较快的传输介质是 ______。

A．双绞线　　B．光纤　　C．同轴电缆　　D．电话线

（27）在计算机网络中常用的有线传输介质有 ______。

A．双绞线、红外线、同轴电缆　　B．激光、光纤、同轴电缆

C．双绞线、光纤、同轴电缆　　D．光纤、同轴电缆、微波

（28）局域网硬件主要包括工作站、网络适配器、传输介质和 ______。

A．调制解调器　　B．交换机　　C．打印机　　D．中继站

（29）以下关于光纤通信的说法错误的是 ______。

A．光纤通信是利用光导纤维传导光信号来进行通信的

B．光纤通信具有通信容量大、保密性强和传输距离远等优点

C．光纤线路的损耗大，所以每隔 1 ～ 2km 的距离就需要配置中继器

D．光纤通信常用波分多路复用技术提高通信容量

（30）以下用于实现两个网络互连的设备是 ______。

A．转发器　　B．集线器　　C．路由器　　D．调制解调器

（31）在下列网络传输介质中，抗干扰能力较好的是 ______。

A．光缆　　B．同轴电缆

C．双绞线　　D．电话线

（32）HTTP 是 ______。

A．网址　　B．域名

C．高级语言　　D．超文本传输协议

（33）FTP 是 ______。

A．用于传送文件的一种服务　　B．发送电子邮件的软件

C．浏览网页的工具　　D．聊天的工具

（34）浏览器和 WWW 服务器之间传输网页使用的协议是 ______。

A．HTTP　　B．IP　　C．FTP　　D．SMTP

（35）从网上下载软件时，使用的网络服务类型是______。

A．文件传输　B．远程登录　C．信息浏览　D．电子邮件

（36）无线移动网络最突出的优点是______。

A．资源共享和快速传输信息　B．提供随时随地的网络服务

C．文献检索和网上聊天　D．共享文件和收发邮件

（37）在以下上网方式中采用无线网络传输技术的是______。

A．ADSL　B．Wi-Fi

C．拨号接入　D．以上全部都是

（38）Internet 实现了分布在世界各地的网络的互连，其最基础和核心的协议是______。

A．HTTP　B．FTP　C．HTML　D．TCP/IP

（39）根据域名代码的规定，bit.edu.cn 表示______。

A．教育机构　B．商业组织　C．军事部门　D．政府机关

（40）在下列各项中非法的 IP 地址是______。

A．202.96.12.14　B．202.196.72.140

C．112.256.23.8　D．201.124.38.79

（41）在下列各项中正确的 IP 地址是______。

A．202.112.111.1　B．202.2.2.2.2　C．202.202.1　D．202.257.14.13

（42）域名 mh.bit.edu.cn 中的主机名是______。

A．mh　B．edu　C．cn　D．bit

（43）根据域名代码规定，表示政府部门网站的域名代码是______。

A．net　B．com　C．gov　D．org

（44）TCP 的主要功能是______。

A．对数据进行分组　B．确保数据的可靠传输

C．确定数据传输路径　D．提高数据传输速率

（45）用综合业务数字网（又称“一线通”）接入 Internet 的优点是上网、通话两不误，它的英文缩写是______。

A．ADSL　B．ISDN　C．ISP　D．TCP

（46）在 Internet 中实现不同网络和不同计算机相互通信的协议是______。

A．ATM　B．TCP/IP　C．Novell　D．X.25

（47）接入 Internet 的每台主机都有一个唯一可识别的地址，称为______。

A．TCP 地址　B．IP 地址　C．TCP/IP 地址　D．URL 地址

（48）IP 地址用 4 组十进制数表示，每组数字的取值范围是______。

A．0～127　B．0～128　C．0～255　D．0～256

（49）在 Internet 中，用于实现域名和 IP 地址转换的是______。

A．SMTP　B．DNS　C．FTP　D．HTTP

（50）IPv4 地址和 IPv6 地址的位数分别为______。

A．4，6　B．8，16　C．16，24　D．32，128

（51）下列关于域名的说法正确的是 ______。

A．域名就是 IP 地址

B．域名的使用对象仅限于服务器

C．域名完全由用户自行定义

D．域名系统按地理域或机构域分层，采用层次结构

（52）缩写 ISP 的中文名称是 ______。

A．因特网服务提供商　　B．因特网服务产品

C．因特网服务协议　　D．因特网服务程序

（53）根据 Internet 的域名代码规定，表示商业组织的域名代码是 ______。

A．net　　B．com　　C．gov　　D．org

（54）下列关于电子邮件的说法，正确的是 ______。

A．收件人必须有 E-mail 地址，发件人可以没有 E-mail 地址

B．发件人必须有 E-mail 地址，收件人可以没有 E-mail 地址

C．发件人和收件人都必须有 E-mail 地址

D．发件人必须知道收件人的邮政编码

（55）以下关于电子邮件的说法，不正确的是 ______。

A．电子邮件的英文缩写是 E-mail

B．加入 Internet 的每个用户通过申请都可以得到一个“电子邮箱”

C．用户在一台计算机上申请的“电子邮箱”，以后只能通过这台计算机上网才能收信

D．一个人可以申请多个电子邮箱

（56）能保存网页地址的文件夹是 ______。

A．收件箱　　B．公文包

C．我的文档　　D．收藏夹

（57）假设邮件服务器的地址是 bj163.com，用户名为 XUEJY 的正确电子邮件地址是 ______。

A．XUEJY @ bj163.com　　B．XUEJY&bj163.com

C．XUEJY#bj163.com　　D．XUEJY@bj163.com

（58）下列关于电子邮件的描述，正确的是 ______。

A．如果收件人的计算机没有打开，发件人发来的电子邮件将丢失

B．如果收件人的计算机没有打开，发件人发来的电子邮件将被退回

C．如果收件人的计算机没有打开，当收件人的计算机打开时电子邮件会被重发

D．发件人发来的电子邮件保存在收件人的电子邮箱中，收件人可随时接收

（59）写电子邮件时，除了发件人的地址，另一项必须要填写的内容是 ______。

A．信件内容　　B．收件人的地址

C．主题　　D．抄送

（60）浏览网页需要在计算机上安装 ______。

A．数据库管理软件　　B．视频播放软件

C．浏览器软件　　D．网络游戏软件

（61）用户使用的电子邮箱通常建在______。

A．用户的计算机上　　B．发件人的计算机上

C．ISP 的邮件服务器上　　D．收件人的计算机上

（62）电子商务的本质是______。

A．计算机技术　　B．电子技术　　C．商务活动　　D．网络技术

（63）在下列各选项中，不属于 Internet 应用的是______。

A．新闻组　　B．远程登录　　C．网络协议　　D．搜索引擎

（64）能够利用无线移动网络上网的是______。

A．内置无线网卡的笔记本电脑　　B．部分具有上网功能的手机

C．部分具有上网功能的平板电脑　　D．以上全部

（65）要在 Web 浏览器中查看某一电子商务公司的主页，应知道______。

A．该公司的电子邮件地址　　B．该公司法人的电子邮件地址

C．该公司的 WWW 地址　　D．该公司法人的 QQ

项目三 Windows 10操作系统

模块一 文件和文件夹的管理

案例示范 1　新建文件夹

操作要求

在 F 盘根目录下创建一个名为“考生”的文件夹，在“考生”文件夹中创建一个名为“YAN”的文件夹。

操作步骤

（1）将鼠标指针置于桌面上的“此电脑”图标上并双击鼠标左键，打开“此电脑”窗口。

（2）将鼠标指针置于 F 盘图标上并双击鼠标左键，打开 F 盘窗口，单击“主页”标签，在“新建”功能区中单击“新建文件夹”按钮；或在 F 盘窗口中的空白位置单击鼠标右键，在弹出的快捷菜单中，将鼠标指针移到“新建”命令上会弹出子菜单，单击“文件夹”命令，在窗口中新建一个临时名为“新建文件夹”的文件夹，在文件名文本框中输入“考生”后按【Enter】键，如图 3-1 所示。

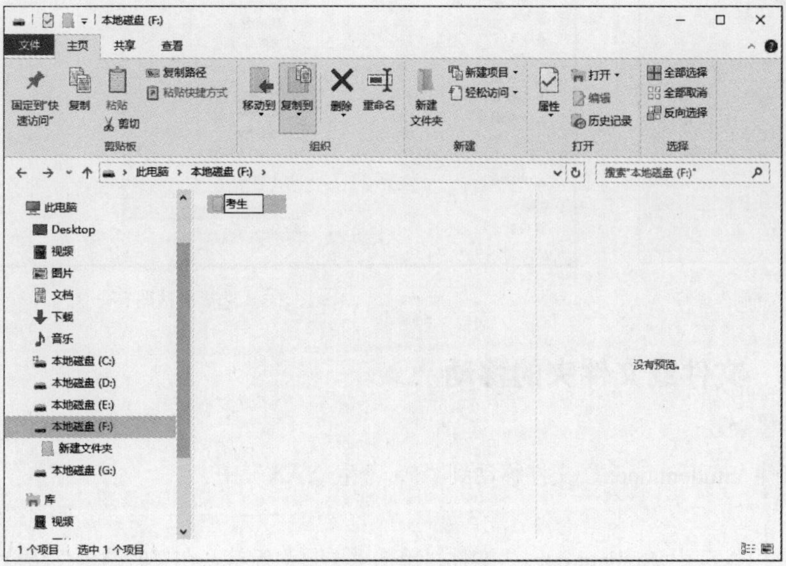

图 3-1　输入“考生”

（3）将鼠标指针置于刚建立的“考生”文件夹上并双击鼠标左键，打开其窗口，采用步骤（2）的方法，在“考生”文件夹中新建一个名为“YAN”的文件夹。

案例示范 2　文件或文件夹的复制

操作要求

先在桌面上创建一个名为“Student.docx”的文件，然后将其复制到 F 盘的“考生”文件夹中。

操作步骤

（1）在桌面空白处单击鼠标右键，在弹出的快捷菜单中，将鼠标指针移到“新建”命令上会弹出子菜单，单击“Microsoft Word 文档”命令，输入文件名“Student”后按【Enter】键。

（2）打开“此电脑”窗口，选择“Student.docx”文件，单击“主页”标签，在“剪贴板”功能区中，单击“复制”按钮（或按【Ctrl+C】组合键）；或选取“Student.docx”文件并单击鼠标右键，在弹出的快捷菜单中选择“复制”命令，如图 3-2 所示。

（3）切换到 F 盘的“考生”文件夹，单击“主页”标签，在“剪贴板”功能区中单击“粘贴”按钮（或按【Ctrl+V】组合键）；或在 F 盘窗口中的空白位置单击鼠标右键，在弹出的快捷菜单中选择“粘贴”命令，如图 3-3 所示。

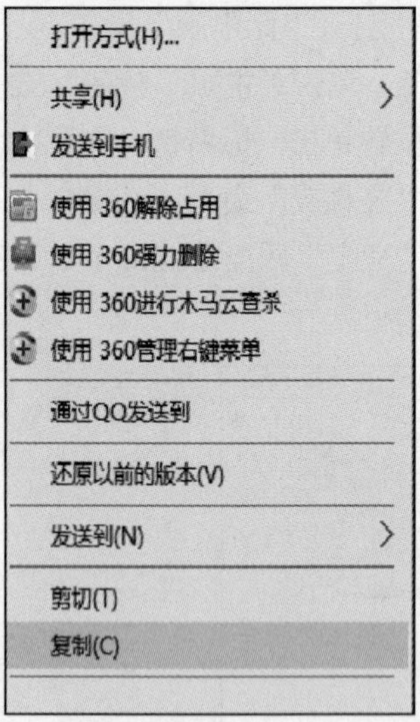

图 3-2　选择“复制”命令

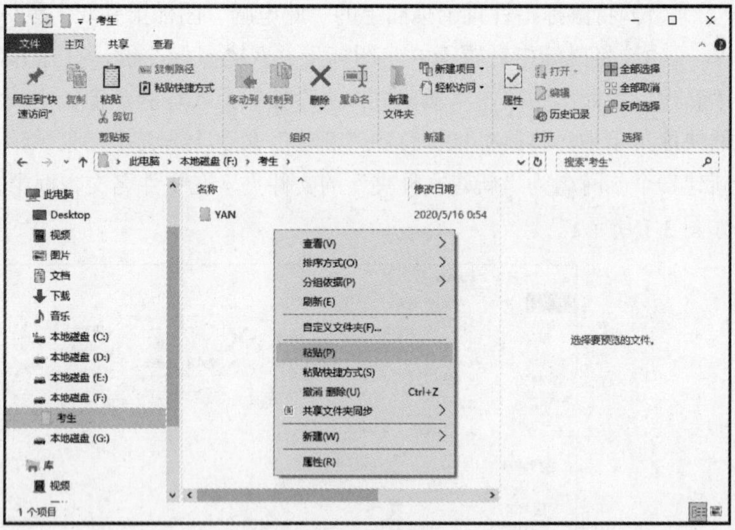

图 3-3　选择“粘贴”命令

案例示范 3　文件或文件夹的移动

操作要求

将“F:\ 考生 \Student.docx”文件移动到“F:\ 考生 \YAN”中。

操作步骤

（1）选取“F:\ 考生 \Student.docx”文件，单击“主页”标签，在“剪贴板”功能区中单击“剪切”按钮（或按【Ctrl+X】组合键）；或选取“F:\ 考生 \ Student.docx”文件并单击鼠标右键，在弹出的快捷菜单中选择“剪切”命令。

（2）切换到 F 盘的“考生”文件夹，单击“主页”标签，在“剪贴板”功能区中单击“粘贴”按钮（或按【Ctrl+V】组合键）；或在“YAN”文件夹的空白处单击鼠标右键，在弹出的快捷菜单中选择“粘贴”命令。也可直接将“F:\ 考生 \Student.docx”文件拖到“F:\ 考生 \YAN”文件夹中。

案例示范 4　文件或文件夹的删除

操作要求

删除“F:\ 考生 \YAN\Student.docx”文件。

操作步骤

（1）选取“F:\ 考生 \YAN\Student.docx”文件，单击“主页”标签，在“组织”功能区中单击“删除”按钮；或选取“F:\ 考生 \YAN\Student.docx”文件并单击鼠标右键，在弹出的快捷菜单中选择“删除”命令，如图 3-4（a）所示。

（2）在弹出的提示框中单击“是”按钮，如图 3-4（b）所示，确认删除文件。

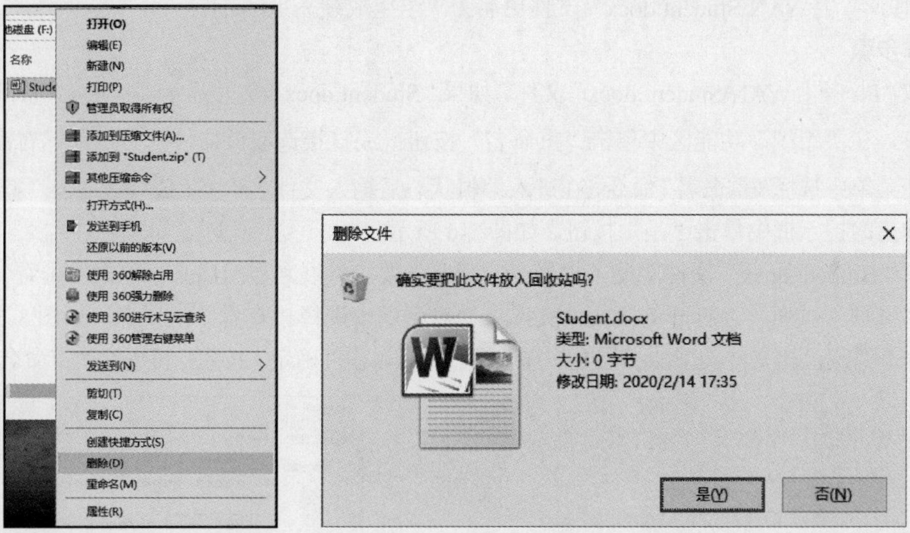

（a）选择“删除”命名　　（b）单击“是”按钮

图 3-4　删除文件

案例示范 5　文件或文件夹的恢复

操作要求

将案例示范 4 中被删除的“Student.docx”文件从“回收站”中恢复。

操作步骤

（1）将鼠标指针置于桌面上的“回收站”图标上并双击鼠标左键。

（2）在打开的“回收站”窗口中选取文件“Student.docx”，单击“管理”标签，在“还原”功能区中单击“还原选定的项目”按钮；或选取该文件并单击鼠标右键，在弹出的快捷菜单中选择

“还原”命令，如图 3-5 所示，“Student.docx”文件便被恢复到删除前的位置。

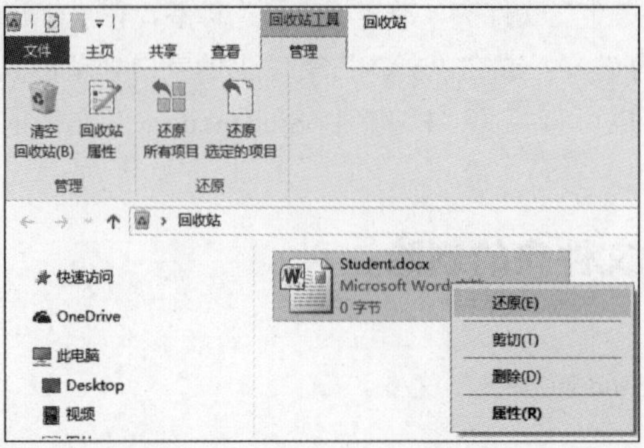

图 3-5　选择“还原”命令

案例示范 6　文件或文件夹的更名

操作要求

将“F:\ 考生 \YAN\Student.docx”文件更名为“学生成绩表 .xlsx”。

操作步骤

选取“F:\ 考生 \YAN\Student.docx”文件。如果“Student.docx”文件显示了扩展名，则单击“主页”标签，在“组织”功能区中单击“重命名”按钮；或直接选取该文件并单击鼠标右键，在弹出的快捷菜单中选择“重命名”命令，在进入编辑状态后输入文件名“学生成绩表 .xlsx”按【Enter】键，在弹出的提示框中单击“是”按钮，如图 3-6 所示。

如果“Student.docx”文件隐藏了扩展名，则首先要将扩展名显示出来。单击“查看”标签，再单击“选项”按钮，在打开的“文件夹选项”对话框中选择“查看”选项卡，如图 3-7 所示，取消选择“隐藏已知文件类型的扩展名”复选框，然后单击“确定”按钮，再进行“重命名”操作。

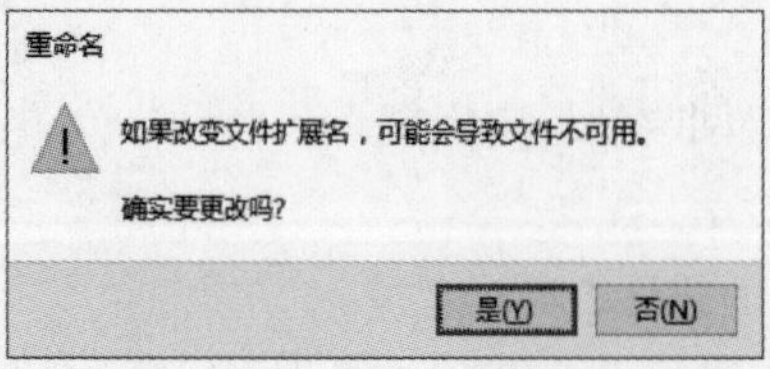

图 3-6　单击“是”按钮

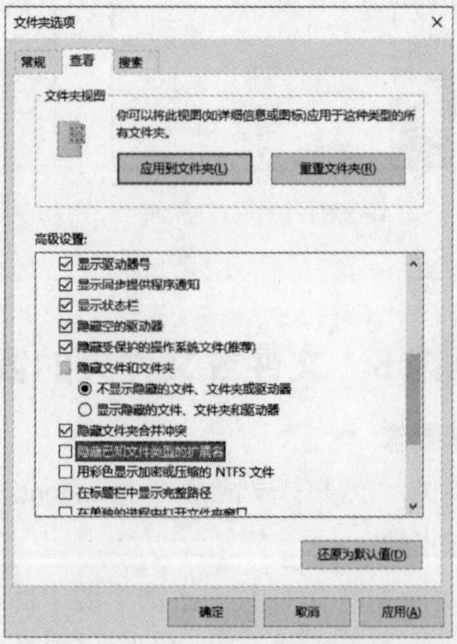

图 3-7　取消选择“隐藏已知文件类型的扩展名”复选框

案例示范 7　文件或文件夹属性的更改

操作要求

将“F:\ 考生 \YAN\ 学生成绩表 .xlsx”文件的属性设置成“只读”。

操作步骤

（1）单击选中“F:\ 考生 \YAN\ 学生成绩表 .xlsx”文件，再单击“主页”标签，在“打开”功能区中单击“属性”按钮；或选中“学生成绩表 .xlsx”并单击鼠标右键，在弹出的快捷菜单中选择“属性”命令，如图 3-8（a）所示，弹出“学生成绩表 .xlsx 属性”对话框。

（2）单击选中“只读”复选框，单击“确定”或“应用”按钮，如图 3-8（b）所示。

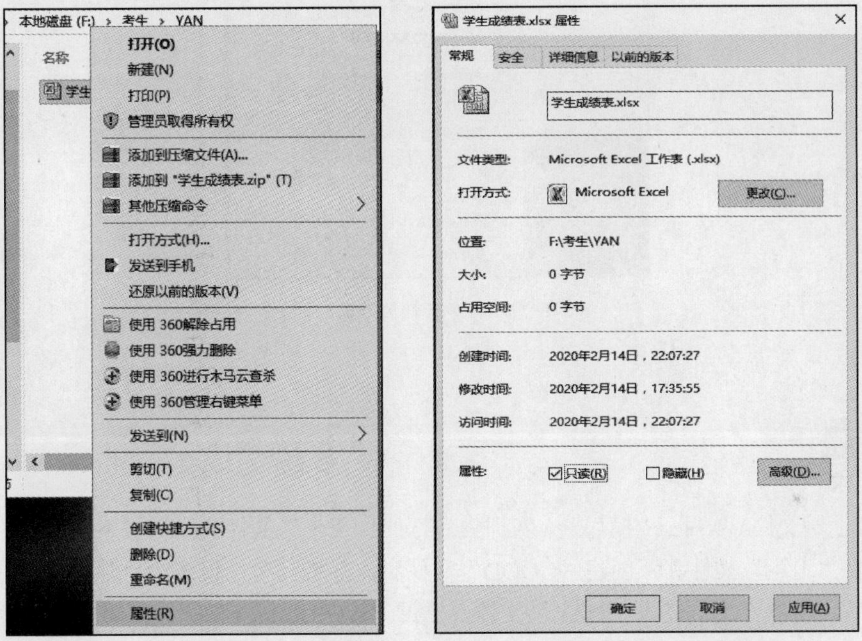

（a）选择“属性”命令　　　　（b）选中“只读”复选框

图 3-8　更改文件属性

案例示范 8　快捷方式的设置和使用

操作要求

为“F:\ 考生 \YAN”文件夹中的“学生成绩表 .xlsx”文件创建名为“AStudent”的快捷方式，并将其存放在“F:\ 考生”文件夹下。

操作步骤

选中“F:\ 考生 \YAN\ 学生成绩表 .xlsx”文件并单击鼠标右键，在弹出的快捷菜单中选择“创建快捷方式”命令，如图 3-9 所示，将创建好的快捷方式重命名为“AStudent”，并将其移动到“F:\ 考生”文件夹下。

也可以通过新建快捷方式和发送到桌面快捷方式的方法创建快捷方式。

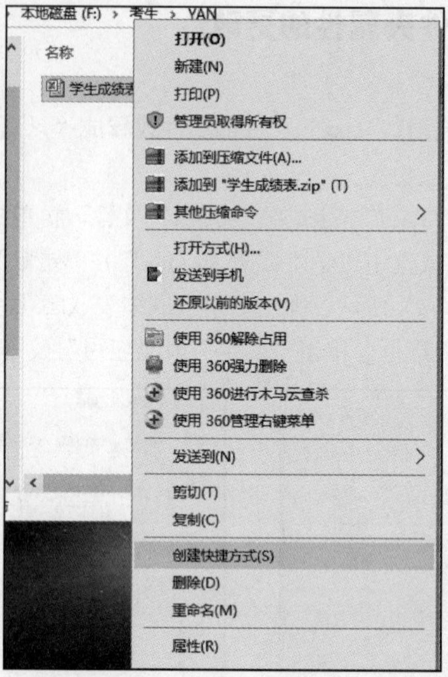

图 3-9　选择“创建快捷方式”命令

实训集

实训 1

操作要求

打开“上机文件 \ 项目三 \ 模块一 \ 实训集 \ 实训 1\ 考生”文件夹，完成下列操作。

（1）在“考生”文件夹下创建“GOOD”文件夹，并将其属性设置为“隐藏”。

（2）将“考生”文件夹下“DAY”文件夹中的“WORK.docx”文件移动到“考生”文件夹下的“MONTH”文件夹中，并重命名为“REST.xlsx”。

（3）将“考生”文件夹下“WIN”文件夹中扩展名为“txt”的文本文件复制到“WINTXT”文件夹中。

（4）将“考生”文件夹下“WIN”文件夹中的“WORK.docx”文件删除。

（5）为“考生”文件夹下“FAR”文件夹中的“START.exe”文件创建一个名为“ASTART”的快捷方式，并存放在“考生”文件夹下。

（6）在“考生”文件夹下的“FIN”文件夹中创建“KIKK.html”文件，并复制到“考生”文件夹下的“DOIN”文件夹中。

（7）将“考生”文件夹下“IBM”文件夹中的“CARE.txt”文件删除。

（8）将“考生”文件夹下“STUDT”文件夹中的“ANG.txt”文件的“只读”属性撤销，并重新设置为“存档”属性。

（9）将“考生”文件夹下“IBM”文件夹中以“TAS”开头的所有 Word 文件复制到“DAY”文件夹中。

（10）将“考生”文件夹下“FIN”文件夹中的“DES.txt”文件的“隐藏”属性撤消。

（11）将“考生”文件夹下“IBM”文件夹中的“VC”文件夹删除。

（12）将“考生”文件夹下“WIN”文件夹中的“SER”文件夹复制到“FIN”文件夹中。

实训 2

操作要求

打开“上机文件 \ 项目三 \ 模块一 \ 实训集 \ 实训 2\ 考生”文件夹，完成下列操作。

（1）在“考生”文件夹下创建一个名为“GJCZ”的文件夹，然后在该文件夹下创建两个文件夹，名字分别为“GJWJ”和“GJTP”。

（2）在名为“GJWJ”的文件夹中创建两个文件夹，名字分别为“TUPIAN”和“ZHILIAO”；在名为“GJTP”的文件夹中创建两个文件夹，分别命名为“YINGYE”和“DIANYING”。

（3）在“TUPIAN”文件夹中创建名为“a1.bmp”和名为“a2.jpg”的两个文件；在“ZHILIAO”文件夹中创建名为“b1.docx”和“b2.xlsx”的两个文件。

（4）将“TUPIAN”文件夹中名为“a1.bmp”的文件复制到“YINGYE”文件夹中，并修改文件的扩展名为“gif”。

（5）将“TUPIAN”文件夹中名为“a2.jpg”的文件复制到“DIANYING”文件夹中，修改文件的属性为“存档”，同时将“TUPIAN”文件夹中的“a2.jpg”文件删除。

（6）搜索“考生”文件夹下扩展名为“docx”、文件大小为 0KB、创建时间为 2017 年的所有文件。把搜索到的文件复制到“GJCZ”文件夹中。

（7）增加一个名为“QQ 聊天”的库到库类型中。

（8）将在步骤（3）中创建的“TUPIAN”文件夹添加到“图片”库中。

（9）为“记事本”程序创建快捷方式并将其存放到“考生”文件夹中。快捷方式的名称为“记事本图标”。

（10）将“考生”文件夹压缩为“考生 .RAR”文件后创建快捷方式并将其放在桌面上，快捷方式的名称为“考生”。

模块二 Windows 10 系统管理

实训集

操作要求

打开“上机文件 \ 项目三 \ 模块二 \ 实训集 \ 考生”文件夹，完成下列操作。

（1）将桌面上的所有图标隐藏。

（2）打开“外观和个性化”窗口，更改主题为“风景”。

（3）打开“任务栏和开始菜单属性”对话框，设置“任务栏”为“小图标”，显示在桌面右侧，同时将“任务栏按钮”设置为“从不合并”。

（4）将当前的整个桌面以扩展名为“jpeg”的图片形式保存到“考生”文件夹中。

（5）打开“控制面板”窗口，并将当前窗口以扩展名为“bmp”的图片形式保存到“我的文档”中。

（6）将本机上的“搜狗五笔输入法”卸载。

（7）将“考生”文件夹下“字体”文件夹中的微软字体安装到“字体”库中。

（8）对“磁盘碎片整理程序”进行配置，设置为每周的星期三中午 12 点对本机上的 C 盘进行磁盘碎片整理。

综合练习

练习 1

打开“上机文件\项目三\综合练习\练习 1\考生”文件夹，完成下列操作。

（1）在“考生”文件夹中创建名为“BBB”和“FFF”的两个文件夹。

（2）在“BBB”文件夹中创建一个名为“BAG.txt”的文件。

（3）删除“考生”文件夹下“BOX”文件夹中的“CHOU.wri”文件。

（4）为“考生”文件夹下的“YAN”文件夹创建名为“YANB”的快捷方式，并将其存放到“考生”文件夹下的“FFF”文件夹中。

（5）搜索“考生”文件夹下的“TAB.c”文件，然后将其复制到“考生”文件夹下的“YAN”文件夹中。

练习 2

打开“上机文件\项目三\综合练习\练习 2\考生”文件夹，完成下列操作。

（1）在“考生”文件夹下的“XIN”文件夹中创建名为“JIN”的文件夹和名为“ABY.dbf”的文件。

（2）搜索“考生”文件夹下文件名以“A”字母开头的“dll”文件，然后将其复制到“考生”文件夹下的“HUA”文件夹下。

（3）为“考生”文件夹下的“XYA”文件夹创建名为“KXYA”的快捷方式，并将其存放到“考生”文件夹下。

（4）将“考生”文件夹下“PAX”文件夹中的“EXE”文件夹的“隐藏”属性撤消。

（5）将“考生”文件夹下的“ZAY”文件夹移动到“考生”文件夹下的“QWE”文件夹中，将其重命名为“GOD”。

练习 3

打开“上机文件\项目三\综合练习\练习 3\考生”文件夹，完成下列操作。

（1）将“考生”文件夹下“ASSIGN\COMMON”文件夹中的“LOOP.ibm”文件移动到“考生”文件夹下的“GOD”文件夹中，并将文件重命名为“GOOD.wri”。

（2）为“考生”文件夹下“BUMAGA”文件夹中的“CIRCLE.but”文件创建名为“KCIRCLE”的快捷方式，并将其存放到“考生”文件夹下。

（3）将“考生”文件夹下“HOUSE”文件夹中的“BABLE.txt”文件删除。

（4）将“考生”文件夹下“DAWN”文件夹中的“BEAN.pas”文件的“存档”和“隐藏”属性撤销。

（5）在“考生”文件夹下的“SPID”文件夹中创建一个名为“USER”的文件夹。

练习 4

打开“上机文件\项目三\综合练习\练习 4\考生”文件夹，完成下列操作。

（1）将“考生”文件夹下“NAOM”文件夹中的“TRAVEL.dbf”文件删除。

（2）将“考生”文件夹下“HQWE”文件夹中的“LOCK.for”文件复制到同一个文件夹中，并将复制的文件命名为“PARK.bak”。

（3）为“考生”文件夹下“WALL”文件夹中的“PBOB.txt”文件创建名为“KPBOB”的快捷方式，并将其存放到“考生”文件夹下。

（4）将“考生”文件夹下“WETHEAR”文件夹中的“PIRACY.txt”文件移动到“考生”文件夹中，并将其重命名为“ROSO.docx”。

（5）在“考生”文件夹下的“JIBEN”文件夹中创建一个名为“A2TNBQ”的文件夹，并设置其属性为“隐藏”。

练习 5

打开“上机文件\项目三\综合练习\练习 5\考生”文件夹，完成下列操作。

（1）在“考生”文件夹下的“HONG”文件夹中创建一个名为“WORD”的文件夹。

（2）将“考生”文件夹下“RED\QI”文件夹中的“MAN.xlsx”文件移动到“考生”文件夹下的“FAM”文件夹中，并将该文件重命名为“WOMEN.xlsx”。

（3）搜索“考生”文件夹下的“APPLE”文件夹，然后将其删除。

（4）将“考生”文件夹下“SEP\DES”文件夹中的“ABC.bmp”文件复制到“考生”文件夹下的“SPEAK”文件夹中。

（5）为“考生”文件夹下的“BLANK”文件夹创建名为“HOUSE”的快捷方式，并将其存放到“考生”文件夹下的“CUP”文件夹中。

项目四 文字处理软件 Word 2016

模块一 文档基本操作

案例示范 文字的基本编辑

操作要求

（1）在D盘的根目录下创建一个文件夹，命名为“技能实训”；在该文件夹中创建一个Word文档，命名为“案例 .docx”。

（2）在“案例 .docx”文件中录入下面【原文】中的文本。

（3）将第 5 行到第 7 行的“汇编语言……易懂易学。”拆分出来形成新的段落。

（4）将调整后形成的第 4 自然段调整为第 2 自然段。

（5）将全文中的“呈叙”替换为“程序”，并在词下加上波浪形下划线。

（6）将全文的字符设置为楷体、12.5 磅。

（7）将全文的所有段落设置为左右缩进 3 个字符，首行缩进 0.78cm，行距为固定值 18 磅，段后间距 0.5 行。

【原文】

信息是人们交流思想的主要工具，如语言、文字、手势、表情等。利用计算机解决各种实际问题时，在人和计算机之间也必须有信息交流。当然你可以想象用人与人之间对话的方式来支配计算机，但是，目前该技术尚未发展到完善的应用阶段。当前，人主要是通过“计算机语言”来实现人对计算机的支配。

机器语言是机器直接使用的二进制指令代码，它使用绝对地址和绝对操作码。汇编语言是用具有记忆功能的符号表示的低级呈叙设计语言，通常是为特定计算机或计算机系列专门设计的，它类似于机器语言，但比机器语言易懂易学。

呈叙设计语言就是编写计算机呈叙时所用的语言。它分为机器语言、汇编语言和高级呈叙设计语言。

操作步骤

（1）将鼠标指针置于“此电脑”图标上并双击鼠标，打开“此电脑”窗口，接着在该窗口中双击D盘，打开D盘窗口。

（2）在窗口显示区右侧单击鼠标右键，在弹出的快捷菜单中选择“新建”→“文件夹”命令，将文件夹重命名为“技能实训”。

（3）打开该文件夹，在窗口显示区右侧单击鼠标右键，在弹出的快捷菜单中选择“新建”→“Microsoft Word 文档”命令，将文件重命名为“案例 .docx”。

（4）打开“案例 .docx”文件，并在其中录入【原文】中的文本。

（5）将插入点定位到第 5 行的“汇”字前面，然后按【Enter】键拆分段落。

（6）在第 4 自然段选择区双击鼠标左键选中该段落，按【Ctrl+X】组合键剪切，然后将插入点定位到第 2 自然段的第 1 个字符前，按【Ctrl+V】组合键粘贴。

（7）将插入点定位到第 1 自然段第 1 行的第 1 列，在“开始”选项卡的“编辑”功能区里单击“替换”按钮，打开“查找与替换”对话框，在“查找内容”文本框中输入“呈叙”，在“替换为”文本框中输入“程序”，单击“更多”→“格式”按钮，在“格式”的下拉列表中选择“字体”选项，在“替换字体”对话框中的“下划线线型”列表中选择“波浪线”样式，单击“确定”按钮，再单击“全部替换”按钮，最后单击“关闭”按钮，完成替换。

【样文】

信息是人们交流思想的主要工具，如语言、文字、手势、表情等。利用计算机解决各种实际问题时，在人和计算机之间也必须有信息交流。当然你可以想象用人与人之间对话的方式来支配计算机，但是，目前该技术尚未发展到完善的应用阶段。当前，人是通过“计算机语言”来实现人对计算机的支配。

程序设计语言就是编写计算机程序时所用的语言。它分为机器语言、汇编语言和高级程序设计语言。

机器语言是机器直接使用的二进制指令代码，它使用绝对地址和绝对操作码。

汇编语言是用具有记忆功能的符号表示的低级程序设计语言，通常是为特定计算机或计算机系列专门设计的，它类似于机器语言，但比机器语言易懂易学。

实训集

实训 1

操作要求

（1）在 D 盘根目录下创建一个文件夹并在该文件夹中创建一个名为“实训 1.docx”的文档。

（2）在该文档中录入【原文】中的内容。

（3）用查找与替换功能将文本中的“计算几”替换为“计算机”，将替换后的字符颜色设置为红色并加上着重号。

（4）按原名保存文件。

【原文】

由于现代计算几连续进行了几次重大的革命，留下了里程碑式的标志，因此人们曾以划代的方法来研究计算几的发展变化。

对计算几划代的原则如下。

（1）按照计算几采用的逻辑器件来划分。这是一个简单明确而且早已约定俗成的划代法。在电子数字计算几中，通常分为电子管、晶体管、集成电路、超大规模集成电路 4 代。在电子计算几之前，曾用齿轮或继电器作为逻辑器件，我们称它为机械式或机电式计算几。如果把这一原则贯彻到底，那么只有采用了特殊的逻辑器件的计算几才能算是新一代的计算几，例如采用光器件的光计算几和采用生物器件的生物计算几。

【样文】

由于现代计算机连续进行了几次重大的革命，留下了里程碑式的标志，因此人们曾以划代的方法来研究计算机的发展变化。

对计算机划代的原则如下。

（1）按照计算机采用的逻辑器件来划分。这是一个简单明确而且早已约定俗成的划代法。在电子数字计算机中，通常分为电子管、晶体管、集成电路、超大规模集成电路4代。在电子计算机之前，曾用齿轮或继电器作为逻辑器件，我们称它为机械式或机电式计算机。如果把这一原则贯彻到底，那么只有采用了特殊的逻辑器件的计算机才能算是新一代的计算机，例如采用光器件的光计算机和采用生物器件的生物计算机。

实训2

操作要求

（1）打开文档：打开“实训2.docx”文档。

（2）设置字体：第1行为黑体，第2行为楷体，正文为隶书，最后一行为宋体。

（3）设置字号：第1行为小二号，第2行为四号，正文为三号，最后一行为小四号。

（4）设置字形：第1行为粗体，第2行为波浪线。

（5）对齐方式：第1行居中，第2行居中，正文居中，最后一行右对齐。

（6）段落缩进：所有段落左、右各缩进2.5cm。

（7）行（段）间距：第1行为段前12磅，第2行的段前、段后各3磅，最后一行为段前12磅。

【样文】

春晓

孟浩然

春眠不觉晓，处处闻啼鸟。

夜来风雨声，花落知多少。

—— 摘自《唐诗选》

实训3

操作要求

（1）插入文件：新建Word空白文档，在该文档中插入“实训3.docx”文档的内容。

（2）设置字体：第1行为隶书，第2行为宋体，正文第1、3段为楷体，正文第2段为隶书。

（3）设置字号：第1行为三号，第2行为五号，正文第1、3段为五号，正文第2段为小四号。

（4）设置字形：给第2行加下划线。

（5）对齐方式：第1行、第2行居中。

（6）段落缩进：正文第1、3段悬挂缩进0.8cm；正文第2段首行缩进2字符。

（7）行（段）间距：第 1 行为段前 1 行，段后 12 磅，第 2 行为段后 0.5 行，正文第 1、3 段为 1.4 倍行距，正文第 1 段为段前 1 行，第 2 段为段后 0.6 行。

【样文】

音乐的表现力

音乐巨匠莫扎特

“言为心声。”言的定义是很广泛的：汉语、英语和德语都是语言，音乐也是一种语言。虽然这两类语言的构成和表现力不同，但都是人的心声。作为音响诗人，莫扎特是了解自己的，他是一位善于扬长避短、攀上了音乐艺术高峰的旷世天才。他自己也说过：

“我不会写诗，我不是诗人……也不是画家。我不能用手势来表达自己的思想感情：我不是舞蹈家。但我可以用声音来表达这些：因为，我是一个音乐家。”

莫扎特的音乐披露的内心世界是一个充满了希望和朝气的世界。尽管有时候也会出现几片乌黑的月边愁云，听到从远处天边隐约传来的阵阵雷声，但整个音乐的基调和背景毕竟是一派瑰丽气象。即便是他那未完成的绝命之笔“D 小调安魂曲”，也向我们披露了这位仅活了 36 岁的奥地利天才，对生活的执着、眷恋和追求光明的乐观情怀。

实训 4

操作要求

（1）打开“实训 4.docx”文档。

（2）将标题段“世界上哪一种哺乳动物的寿命最长？”设置为四号、宋体、居中，并添加蓝色阴影边框（边框的线型和线宽使用默认设置）。

（3）将正文文字“统计结果……风险要小得多。”设置为小四号、黑体，各段落左右各缩进 5 字符，首行缩进 2 字符，段后间距为 0.8 行。

（4）将表标题段“部分哺乳动物寿命比较表”设置为四号、红色楷体、加粗、居中。

（5）设置编号或项目符号：为最后 6 行设置项目符号■。

【样文】

世界上哪一种哺乳动物的寿命最长？

统计结果表明，寿命比较长的哺乳动物，多数是巨型动物，这是为什么呢？

有人认为，体形巨大的动物防御能力强，生命力强，不易受天敌危害。同时体形大就需要比较长的时间来完成生命中的各个发育阶段，例如，象的幼仔哺乳期就要 20 个月，真正成熟要 30

年，而它的最长寿命甚至可达120岁。

还有人认为，巨大的动物不但有利于防御严寒，而且一生中消耗的热能相对地比体形小的动物少，就是所谓体积越大，相对面积越小的缘故。

需要指出的是，所有在人工饲养环境下的动物，往往比在自然环境中活的时间更长，这是因为人工饲养环境下各种生存条件都比较有利，而且没有自然界中的各种敌害和疾病，至少受害或得病的风险要小得多。

部分哺乳动物寿命比较表

- 动物　寿命
- 水獭　11年
- 蝙蝠　12年
- 松鼠　14年
- 狼　16年
- 虎　19年

实训5

操作要求

（1）打开“实训5.docx”文档。

（2）将标题段“信用卡业务外包”设置为四号、楷体、加粗、居中，文本效果为文本填充预设渐变“中等渐变-个性色2”，整个段落分散对齐，并添加红色阴影边框（边框的线型和线宽使用默认设置）。

（3）将正文文字“信用卡业务是否应该外包……响应市场的能力。”设置为五号、楷体，各段落悬挂缩进1.5字符，段前间距为0.2行。

（4）为正文的第3、4段设置项目编号（A）、（B）。

【样文】

信　用　卡　业　务　外　包

信用卡业务是否应该外包，如何外包，这个问题只有从银行的战略目标出发，综合各种因素，才能得出一个适合自身的正确的答案。在所有支持外包的观点当中，节约投资和快速起步，可以说是最有力也是最普遍的两个论据。但这都是操作层面的考量因素，与银行开展信用卡业务在战略层面的目标不直接相关。

节约是手段而不是目标，在不考虑收益和规模的情况下只谈节约是没有意义的。而快速起步也只是一个阶段性的目标。经过分析发现，对于大多数城市商业银行来说，其开展信用卡业务的战略目标或者说对信用卡业务的定位，大体可以归为两类：

（A）一类是将信用卡业务作为一项辅助产品提供给已有客户，以完善对其服务从而达到保留客户的目的；

（B）另一类则是将信用卡业务作为新的利润增长点甚至作为支柱业务来发展。

相比较而言，后者对于信用卡业务的市场竞争能力和盈利能力都有更高的要求。而提高竞争力的策略无非有两种，一种是价格策略，另一种是功能或个性化策略。价格策略实施的基础是规模经济，而功能或个性化策略实施的基础则是业务和系统快速定制、快速响应市场的能力。

实训 6

操作要求

（1）打开“实训 6.docx”文档。

（2）将标题段文字“噪声的危害”设置为三号、蓝色、楷体，字符间距加宽 2 磅，文字居中，添加黄色底纹、绿色阴影边框（宽度为 1.5 磅），段后间距为 0.2 行。

（3）将正文文字“噪声是任何一种人都不需要的声音……影响就更大了。”设置为五号、仿宋，各段落左右各缩进 3 字符，首行缩进 2 字符，行距为 1.2 倍。

（4）将表标题段“声音的强度与人体感受之间的关系”设置为小四号、黑体、加粗、倾斜，居中。

（5）为最后 7 行设置项目符号◇。

【样文】

噪声的危害

噪声是任何一种人都不需要的声音，不论是音乐，还是机器发出来的声音，只要令人生厌，对人们形成干扰，它们就被称为噪声。一般将 60 分贝作为令人烦恼的音量界限，声音超过 60 分贝就会对人体产生种种危害。

强烈的噪声会引起听觉器官的损伤。当你刚从机器轰鸣的厂房出来时，可能会感到耳朵听不清声音了，必须过一会儿才能恢复正常，这便是噪声性耳聋。如果长期在这种环境下工作，会使听力显著下降。

噪声会严重干扰中枢神经正常功能，使人神经衰弱、消化不良，以至恶心、呕吐、头痛，它是现代文明病的一大根源。

噪声还会影响人们的正常工作和生活，使人不易入睡，容易惊醒，产生各种不愉快的感觉，对脑力劳动者和病人的影响就更大了。

声音的强度与人体感受之间的关系如下。

◇ 0 ～ 20 分贝：很静。

◇ 20 ～ 40 分贝：安静。

◇ 40 ～ 60 分贝：一般。

◇ 60 ～ 80 分贝：吵闹。

◇ 80 ～ 100 分贝：很吵闹。

◇ 100 ～ 120 分贝：难以忍受。

◇ 120 ～ 140 分贝：痛苦。

模块二 表格处理

案例示范 1 表的基本制作

操作要求

（1）按照【样文】制作个人资料表。

（2）外框线为 1.5 磅双实线，内框线为 1 磅细实线。

（3）“身份证号码”栏的所有空白单元格等宽。

（4）所有文字在单元格内居中。

【样文】

个人资料表

<table>
<tr><td>姓名</td><td colspan="5"></td><td colspan="4">性别</td><td colspan="5"></td><td colspan="4" rowspan="4">照片</td></tr>
<tr><td>民族</td><td colspan="5"></td><td colspan="4">政治面貌</td><td colspan="5"></td></tr>
<tr><td>出生日期</td><td colspan="5"></td><td colspan="4">出生地</td><td colspan="5"></td></tr>
<tr><td>毕业学校</td><td colspan="14"></td></tr>
<tr><td>所学专业</td><td colspan="18"></td></tr>
<tr><td>最高学位</td><td colspan="7"></td><td colspan="5">最高学历</td><td colspan="6"></td></tr>
<tr><td>现从事职业</td><td colspan="7"></td><td colspan="5">专业技术职务</td><td colspan="6"></td></tr>
<tr><td>通信地址</td><td colspan="12"></td><td colspan="3">邮编</td><td colspan="3"></td></tr>
<tr><td>联系电话</td><td colspan="7"></td><td colspan="5">电子信箱地址</td><td colspan="6"></td></tr>
<tr><td colspan="4">申请任教学科（课程）</td><td colspan="15"></td></tr>
<tr><td>身份证号码</td><td></td><td></td><td></td><td></td><td></td><td></td><td></td><td></td><td></td><td></td><td></td><td></td><td></td><td></td><td></td><td></td><td></td><td></td></tr>
</table>

操作步骤

（1）绘制表格：单击“插入”选项卡→“表格”下拉式按钮，在下拉列表中选用自动制表中的简单方式，绘制出 5 列 11 行的简表。

（2）编辑表格：选中第 5 列中的 1 ～ 4 行，单击“合并”功能区的“合并单元格”按钮；选中第 4 行中的 2 ～ 4 列，单击“合并单元格”按钮；选中第 5 行中的 2 ～ 5 列，单击功能区“合并单元格”按钮；选中第 6 ～ 9 行中的 2 ～ 5 列，单击“拆分单元格”按钮，弹出“拆分单元格”对话框，在对话框的列数值中输入“3”，单击“确定”按钮；选中第 10 行中的 2 ～ 5 列，单击“合并单元格”按钮；选中最后 1 行中的 2 ～ 5 列，单击“合并”功能区的“拆分单元格”按钮，弹出“拆分单元格”对话框，在对话框的列数值中输入“18”，在行数值中输入“1”，单击“确定”按钮。

（3）调整行高、列宽：单击表格中的任意位置，向上拖动左侧垂直滚动条的滑块进行调整；选中第 10 行第 1 列单元格，拖动右侧框线到合适的位置。

（4）录入文字：单击单元格后录入相关文字。

（5）格式化表格：单击表格左上角的移动块选中整个表格，在“布局”选项卡的“对齐方式”功能区中单击“水平居中”按钮。

案例示范 2　数据的计算与分析

操作要求

（1）按照【原文】制作 ×× 班培训成绩一览表。

（2）计算平均成绩、总成绩（总成绩 = 理论成绩 ×30%+ 操作成绩 ×30%+ 答辩 ×40%）和各科平均成绩，计算结果保留 1 位小数。

（3）根据性别（升序）及总成绩（降序）排序。

（4）将总成绩低于 60 分的单元格的字体颜色设置为红色（标准色），并设置底纹（白色，背景 1，深色 15%）。

【原文】

×× 班培训成绩一览表

姓名	性别	年龄	理论	操作	答辩	平均成绩	总成绩
陈新洪	男	24	91	68	75		
孙卫国	男	25	93	60	79		
王明	男	24	98	80	85		
胡广华	男	24	81	85	80		
刘芳	女	24	68	72	82		
吴建军	男	25	81	75	80		
李平	男	22	55	63	42		
吴玉花	女	25	69	78	80		
王林芳	女	23	78	68	38		
李蓉	女	27	68	78	89		
各科平均成绩							

操作步骤

（1）绘制表格：单击“插入”选项卡→“表格”下拉式按钮，在下拉列表中选用自动制表中的简单方式，绘制出 8 列 12 行的简表。

（2）编辑表格：选中第 12 行中的 1 ～ 3 列，在“表格工具”的“布局”选项卡中单击“合并”功能区的“合并单元格”按钮。

（3）录入数据：单击相应单元格后录入相关数据。

（4）调整行高、列宽：单击表格左上角的移动块选中整个表格，单击鼠标右键，在弹出的快捷菜单中选择“自动调整”中的“根据内容调整表格”命令以自动调整列宽。

（5）计算处理：单击 G2 单元格，再单击“表格工具”的“布局”选项卡中的“公式”按钮，在“公式”对话框的“公式”文本框中输入“=AVERAGE(D2:F2)”，单击“确定”按钮，重复上述步骤，只是将行号 2 分别改为 3、4…11；单击 H2 单元格，单击“表格工具”的“布局”选项卡中的“公式”按钮，在弹出的“公式”对话框的“公式”文本框中输入“=D2*30%+E2*30%+F2*40%”，在“编号格式”栏中输入“0.0”，单击“确定”按钮，重复上述步骤，只是将行号 2 分别改为 3、4…11；单击 B12 单元格，再单击“表格工具”的“布局”选项卡中的“公式”按钮，在弹出的“公式“对话框的“公式”文本框中输入“=AVERAGE(ABOVE)”，单击“确定”按钮，选中 B12 单元格中的数据后按【Ctrl+C】组合键复制，拖选到 C12、D12 单元格，按【Ctrl+V】组合键粘贴，然后按【F9】键更新域。

（6）数据排序：拖选 A1:H11 单元格，再单击“表格工具”的“布局”选项卡中的“排序”按钮，在“排序”对话框的“主要关键字”文本框的下拉列表中选择“性别”“升序”，在“次要关键字”文本框的下拉列表中选择“总成绩”“降序”，单击“确定”按钮。

（7）选择“总成绩”低于 60 分的单元格，单击“开始”选项卡，设置字体为红色（标准色），底纹为“白色，背景 1，深色 15%”。

【样表】

× × 班培训成绩一览表

姓名	性别	年龄	理论	操作	答辩	平均成绩	总成绩
王明	男	24	98	80	85	88	87.4
胡广华	男	24	81	85	80	82	81.8
吴建军	男	25	81	75	80	79	78.8
陈新洪	男	24	91	68	75	78	77.7
孙卫国	男	25	93	60	79	77	77.5
李平	男	22	55	63	42	53	52.2
李蓉	女	27	68	78	89	78	79.4
吴玉花	女	25	69	78	80	76	76.1
刘芳	女	24	68	72	82	74	74.8
王林芳	女	23	78	68	38	61	59.0
各科平均成绩			78.2	72.7	82		

实训集

实训 1

操作要求

（1）新建一个 Word 文档，将其命名为“实训 1.docx”，然后打开该文档。

（2）新建一个 3 行 5 列的表格，列宽为自动，第 1、3 行的高度为 1cm。

（3）将外框线设为 1.5 磅的双实线，将内框线设为 0.75 磅的细实线。

（4）以原名保存文件。

【样表】

实训 2

操作要求

（1）新建一个 Word 文档，将其命名为“实训 2.docx”，然后打开该文档。

（2）新建一个 4 行 5 列的表格，第 2、5 列的宽度为 2cm，其余列为自动。

（3）将外框线和第 1 行的下框线设为蓝色、3 磅的实线，其余的内框线设为 0.5 磅的细实线。

（4）以原名保存文件。

【样表】

实训 3

操作要求

（1）新建一个 Word 文档，将其命名为“实训 3.docx”，然后打开该文档。

（2）按照【样表】绘制表格。

（3）将外框线设为 1.5 磅的虚线，内框线按默认设为细实线；行高固定值为 0.8cm，列宽根据需要调整；标题文字水平居中对齐，数值中部右对齐，其余数据中部左对齐；将“余额”列的数值单元格的底纹设为“白色，背景 1，深色 15%”。

（4）以原名保存文件。

【样表】

日期	摘要	对方科目	收方金额	付方金额	余额
01/04/89	提取现金	经费	600.00		851.07

续表

01/04/89	党办老干部订报	经费		107.02	1771.75
01/05/89	党办老干部看病号	经费		10.00	530.75
01/07/89	提取现金	经费	22000.00		22920.89

实训 4

操作要求

（1）新建一个 Word 文档，将其命名为“实训 4.docx”，然后打开该文档。

（2）按照【样表】绘制表格。

（3）按照【样表】格式化表格。

（4）以原名保存文件。

【样表】

时间	节次	星期一	星期二	星期三	星期四	星期五
上午	第 1 大节					
	第 2 大节					
下午	第 3 大节					

实训 5

操作要求

（1）新建一个 Word 文档，将其命名为“实训 5.docx”，然后打开此文档。

（2）按照【样表】绘制表格。

（3）按照【样表】格式化表格。

【样表】

世界主要城市气温（℃）

	北京	巴黎	伦敦	莫斯科	纽约	东京
一月	1/ −10	6/0	7/2	−9/ −16	4/ −3	9/ −1
二月	4/ −8	7/1	7/2	−5/ −13	4/ −2	10/0
三月	11/ −1	11/2	11/9	0/ −8	9/1	13/3
四月	21/7	16/5	13/4	10/1	15/6	18/9
五月	27/13	19/8	17/7	19/8	21/12	22/4

实训 6

操作要求

（1）新建一个 Word 文档，将其命名为“实训 6.docx”，然后打开该文档。

（2）按照【样表】绘制表格。

（3）删除“备注”行，交换“A”与“C”两列。

（4）按照【样表】设置文本、框线、对齐方式等格式，适当调整行高、列宽、表格大小，表格居中。

【样表】

参展意向书　　　　年　　月　　日

参展单位：	A	B	C	D
企业性质：	○国有企业	○合资企业	○独资企业	
联系人：	电话：		传真：	
申请展位类别：	○普通展位	○标准展位	○会外场地	○外商展位
详细通信地址：			邮编：	
备注：				

实训 7

操作要求

（1）新建一个 Word 文档，将其命名为“实训 7.docx”，然后打开该文档。

（2）按照【样表】编辑表格。

（3）按照【样表】设置文本、框线、对齐方式等格式，适当调整行高、列宽、表格大小，表格居中。

【样表】

<table>
<tr><td colspan="5" rowspan="2">商品　　名称　　数量　　规格　　单位</td><td colspan="7">金额</td></tr>
<tr><td>万</td><td>千</td><td>百</td><td>十</td><td>元</td><td>角</td><td>分</td></tr>
<tr><td></td><td></td><td></td><td></td><td></td><td></td><td></td><td></td><td></td><td></td><td></td><td></td></tr>
<tr><td colspan="5">小写金额合计</td><td></td><td></td><td></td><td></td><td></td><td></td><td></td></tr>
<tr><td>总计金额</td><td colspan="11">万　　仟　　佰　　拾　　元　　角　　分</td></tr>
</table>

实训 8

操作要求

（1）新建一个 Word 文档，将其命名为“实训 8.docx”，然后打开该文档。

（2）按照【样表】绘制表格。

（3）按照【样表】插入或删除行（列），进行行（列）交换。

（4）按照【样表】设置文本、框线、对齐方式等格式，适当调整行高、列宽、表格大小，表格居中。

（5）排序和计算。

① 计算总分。

② 按“性别”降序排列。

【样表】

姓名	性别	高等数学	大学英语	计算机基础	总分
王志平	男	88	94	90	
吴晓辉	女	85	88	92	
张 竟	女	76	80	85	
李丽萍	女	69	75	70	
曾 天	男	95	88	93	
张欢欢	女	70	73	68	

实训 9

操作要求

（1）新建一个 Word 文档，将其命名为“实训 9.docx”，然后打开该文档。

（2）按照【样表】绘制表格。

（3）按照【样表】插入或删除行（列），进行行（列）交换。

（4）按照【样表】设置文本、框线、对齐方式等格式，适当调整行高、列宽、表格大小，表格居中。

（5）排序和计算。

① 计算平均分。

② 按“出生年月”降序排列。

【样表】

姓名	性别	出生年月	年龄	语文	数学	英语	平均分
陈新洪	男	1995 年 12 月 10 日	24	91	68	75	
孙卫国	男	1994 年 7 月 15 日	25	93	60	79	
王明	男	1995 年 5 月 18 日	24	98	80	85	
胡广华	男	1995 年 5 月 19 日	24	81	85	80	
刘芳	女	1995 年 11 月 7 日	24	68	72	82	
吴建军	男	1994 年 5 月 5 日	25	81	75	80	
李平	男	1997 年 2 月 20 日	22	55	63	72	
吴玉花	女	1994 年 12 月 2 日	25	69	78	80	

实训 10

操作要求

（1）新建一个 Word 文档，将其命名为“实训 10.docx”，然后打开该文档。

（2）按照【样表】绘制表格。

（3）按照【样表】插入或删除行（列），进行行（列）交换。

（4）按照【样表】设置文本、框线、对齐方式等格式，适当调整行高、列宽、表格大小，表格居中。

（5）排序和计算。

① 计算全年价（全年价 = 月价 ×12）。

② 按“全年价”降序排列。

【样表】

国内定价（元）				
	邮发代号	单价	月价	全年价
中国日报	1-3	0.80	23.50	
北京周末报	1-172	0.80	3.00	
21 世纪报	1-193	0.60	2.50	
上海英文星报	3-85	1.00	8.00	

实训 11

操作要求

（1）打开“实训 11.docx”文档。

（2）排序和计算。

① 计算总分、平均分和各科平均分。

② 按“性别”升序排列，然后按“高等数学”分数降序排列。

【样表】

姓名	性别	高等数学	大学英语	计算机基础	总分	平均分
李平	女	78	88	68		
陈林	男	87	78	95		
王志平	男	88	94	90		
吴晓辉	男	85	88	93		
张竟	女	76	80	85		
各科平均分						

实训 12

操作要求

（1）打开“实训 12.docx”文档。

（2）按照【样表】绘制表格。

（3）在最后 1 行后插入“平均值”行。

（4）按照【样表】设置文本、框线、对齐方式等格式，适当调整行高、列宽、表格大小，表格居中。

（5）排序和计算。

① 计算各项平均值。

② 按“还款期（年）”降序排列。

【样表】

个人住房商业贷款利率简表			
借款额（元）	还款期（年）	利率 %（月）	月均还款额（元）
10000	30	0.465	57.28
10000	25	0.465	61.89
10000	20	0.465	69.24
10000	15	0.465	82.13
10000	10	0.465	108.92
10000	5	0.4425	190.14
平均值			

模块三 综合编排

案例示范 1　文稿编排

操作要求

（1）将【原文】中所有的“财金”替换为“财经”。

（2）将修改后的标题段“财经类公共基础课程模块化”设置为三号、红色（标准色）、黑体、空心，字符间距增加 2 磅，居中，并添加蓝色（红色 0，绿色 0，蓝色 255）双波浪下划线。

（3）将正文各段落的文字设置为小四号、仿宋，行距设为 18 磅，段落首行缩进 2 字符，添加编号“一、”“二、”……将正文第 2 段分为等宽的两栏，在栏间添加分隔线。

（4）设置页面纸张大小为“16 开，18.4cm×26cm”，页面左右边距各 2.7cm；为页面添加红色、1 磅的阴影边框；页面垂直对齐方式为“底端对齐”。在页面顶端居中位置输入“空白”型页眉，文字内容为“财经类专业计算机基础课程设置研究”，文字为小五号、宋体；在页面底端以“普通数字 3”格式插入页码，并设置起始页码为“Ⅲ”。

（5）将文中后 8 行的文字内容转换为一个 8 行 5 列的表格；设置表格居中，行高为 0.6cm，表格第 2 列的列宽为 6cm，表格中的所有文字水平居中。

（6）计算“合计”行的“讲课学时”“上机学时”“总学时”的合计值；为“总学时”低于 15 的单元格设置“蓝色，个性色 1、淡色 80%”的底纹；按“总学时”列降序排序表格内容。将表格外框线及第 1 行、第 2 行的下框线设为 1.5 磅的红色（红色 255，绿色 0，蓝色 0）双实线，其余框线设为 0.75 磅的黄色（标准色）细实线。

【原文】

财金类公共基础课程模块化

按照《高等学校文科类专业大学计算机教学基本要求（2003 年版）》要求，财金类公共基础部分的内容包括计算机基础知识（软、硬件平台）、微机操作系统及其使用、多媒体知识和应用基础、办公软件应用、计算机网络基础、Internet 基本应用、电子政务基础、电子商务基础、数据库系统基础和程序设计基础等。

公共基础课程的组成由模块组装构筑。如果课时有限，并且考虑到有些学生已经具备了其中的部分知识，《基本要求》给出了公共基础课程的 3 种组合方式供选择。

第一种组合方式：课程名可为“大学计算机应用基础”

序号　模块　　　　　　　　讲课学时　　　　上机学时　　　　总学时

1 计算机基础知识　　　　6　　　　　　　2　　　　　　　8

2 微机操作系统及其应用　4　　　　　　　4　　　　　　　8

3 多媒体知识和应用基础　7　　　　　　　7　　　　　　　14

4 办公软件应用　　　　　14　　　　　　14　　　　　　28

5 计算机网络基础　　　　10　　　　　　8　　　　　　　18

6 Internet 基本应用　　　7　　　　　　　7　　　　　　　14

合计

操作步骤

（1）选中整个文本，按【Ctrl+H】组合键打开“查找与替换”对话框，单击“替换”选项卡，在“查找内容”文本框中输入“财金”，在“替换为”文本框中输入“财经”，然后单击“全部替换”按钮，最后单击“关闭”按钮退出。

（2）选中标题段文本，单击“开始”选项卡→“字体”按钮，打开“字体”对话框。在“字体”选项卡中设置字体为黑体，字号为三号，字体颜色为红色，下划线线型为双波浪。在“下划线颜色”中单击“其他颜色”，在“颜色”对话框中选择“自定义”选项卡，在“颜色模式”中设置好颜色（红色 0，绿色 0，蓝色 255）。单击“文字效果”按钮，在“设置文本效果格式”对话框中，将“文本填充”设置为“无填充”，将文本轮廓设置为红色实线（设置空心）。单击“段落”功能区中的“居中”按钮。

（3）单击“布局”选项卡→“页边距”下拉按钮，在列表中选择“自定义边距”命令，在“页面设置”对话框的“页边距”选项卡中设置左边距为 2.7cm，右边距为 2.7cm，在“纸张”选项卡中设置纸张大小为“16 开，18.4cm×26cm”，在“版式”选项卡中设置页面对齐方式为底端对齐。单击“插入”选项卡→“页眉”下拉按钮，选择“空白”型，在页眉编辑区输入“财经类专业计算机基础课程设置研究”，并设置文字为小五号、宋体。单击“插入”选项卡→“页码”下拉按钮，选择“页面底端”中的“普通数字 3”。单击“插入”选项卡→“设置页码格式”按钮，打开“页码格式”对话框，设置“编号格式”为罗马数字，“起始页码”为“Ⅲ”。

（4）选中文中最后 8 行 5 列的数据，单击“插入”选项卡→“表格”按钮，在其下拉列表中选择“文本转换成表格”命令完成制表。拖选整个表格，单击“表格工具”选项区“布局”选项卡中的“属性”按钮，在“表格属性”对话框中设置表格居中，行高为 0.6cm；单击“列”选项卡选定第 2 列，设置列宽为 6cm，单击“确定”按钮完成表格编辑。单击 C8 单元格，再单击“表格工具”选项区“布局”选项卡中的“公式”按钮，在“公式”对话框的“公式”文本框中输入“=SUM(ABOVE)”，单击“确定”按钮。选中 C8 单元格中的数据后按【Ctrl+C】组合键复制，拖选到 D8、E8 单元格，按【Ctrl+V】组合键粘贴，然后按【F9】键更新域完成计算。选中“总学时”小于 15 的单元格，单击“表格工具”选项区“设计”选项卡中的“底纹”按钮，在下拉列表中单击“蓝色，个性色 1，淡色 80%”。选中第 1 ～ 7 行，单击“表格工具”选项区“布局”选项卡中的“排序”按钮，打开“排序”对话框，设置“主要关键字”为“总学时，降序”，然后单击“确定”按钮完成排序。单击表格左上角的拖动块选中整个表格，单击“表格工具”选项区的“设计”选项卡，设置表格边框为 1.5 磅的红色双实线，在边框列表中选择“外侧框线”，然后选中第 1 行、第 2 行，重复上述步骤，只是此时是在边框列表中选择“下框线”。

【样文】

财经类专业计算机基础课程设置研究

财经类公共基础课程模块化

一、　按照《高等学校文科类专业大学计算机教学基本要求（2003 年版）》要求，财经类公共基础部分的内容包括计算机基础知识（软、硬件平台）、微机操作系统及其使用、多媒体知识和应用基础、办公软件应用、计算机网络基础、Internet 基本应用、电子政务基础、电子商务基础、数据库系统基础和程序设计基础等。

二、　公共基础课程的组成由模块组装构筑。如果课时有限，并且考虑到有些学生已经具备了其中的部分知识，《基本要求》给出了公共基础课程的三种组合方式供选择。

第一种组合方式：课程名可为“大学计算机应用基础”

序号	模块	讲课学时	上机学时	总学时
合计		48	42	90
4	办公软件应用	14	14	28
5	计算机网络基础	10	8	18
3	多媒体知识和应用基础	7	7	14
6	Internet 基本应用	7	7	14
1	计算机基础知识	6	2	8
2	微机操作系统及其应用	4	4	8

Ⅲ

案例示范 2　图文混排

操作要求

（1）在第 1 段前面插入“填充 - 白色，轮廓 - 着色 2，清晰阴影 - 着色 2”的艺术字“美丽遂宁”，并设置“文本效果 - 转换”为“倒 V 形”，艺术字文字环绕方式为“上下型环绕”，对齐方式为水平居中。

（2）插入“上机文件 \ 项目四 \ 案例示范 2 \a1.jpg”图片，图片高为 5cm，宽为 8cm，设置图片文字环绕方式为“四周型”，将图片放在第 2 段文字中。

（3）在第 3 段中插入一个竖排文本框，文本框高为 4.5cm，宽为 4.13cm，并把第 1 段的文字复制进去，文字字号设置为 10 磅，字体为华文行楷。

（4）设置文本框的文字环绕方式为“紧密型环绕”，文本框效果为“无轮廓，白色大理石”。

（5）保存文档并退出。

【原文】

遂宁，有着美丽的风土人情，有着名扬中外的风景名胜。走进遂宁，品味这个古老而具有现代都市气息的城市，会让你身心愉悦，留连忘返。

在遂宁有一处美景，就是“人间仙境”—灵泉寺。步入灵泉寺，映入我们眼帘的是宽阔的聚贤广场。在这里，有美丽的杜鹃花，红的、白的、粉的、红白相间的······让人目不暇接，美丽极了！再往里走，就进入了灵泉湖。湖水清澈，静得能看见水底的沙石，绿得好像被周围的绿树绿草染过似的，静得像一面大镜子。蓝天倒映在水面上， 人们仿佛来到了仙境。 夜晚灯光照在水上，一阵微风吹来，水面波光粼粼，真是惬意极了！

遂宁最吸引大家眼球的当然少不了那美不胜收的中央商务区了，它可是一个休闲娱乐的好去处。春天到了，春姑娘迈着轻盈的脚步来了，她在这里留下了自己的足迹。花坛里的花品种很多，有菊花、杜鹃、紫罗兰，还有许多不知名的小野花。红的似火，粉的似霞，白的似雪，真是让人目不暇接。轻轻贴近，一股淡淡的清香沁人心脾，时不时还引来一只只小蜜蜂。到了早晨，珍珠般的露水在花瓣上滚动，似乎每一片花瓣都有一个新的生命在颤动。再往里走，就看见了几棵黄果树，它们可是中央商务区的“老住户”了。一到夜晚，中央商务区就成了灯的海洋、光的世界。最引人注目的就是流星灯了，一颗颗“流星”从天而降，在树枝间穿来穿去，像在捉迷藏；又好像它们正在眨着自己的小眼睛，一闪一闪，可爱极了！不仅有流星灯，还有喷泉灯。它从上往下，一层比一层低。灯的颜色五彩缤纷，有白的、蓝的、黄的、绿的······美丽极了！再看看周围，老人们正坐在凉椅上休闲娱乐，年轻人正在悠闲地散着步。这里会使你忘记所有的疲劳 ·····

操作步骤

（1）单击“插入”选项卡中“文本”功能区中的“艺术字”按钮，在下拉列表中选择“填

充 - 白色，轮廓 - 着色 2，清晰阴影 - 着色 2”样式的艺术字，并输入文字“美丽遂宁”。在“艺术字工具”→“格式”→“艺术字样式”→“更改形状”→“弯曲”下选择“倒 V 形”样式。然后在“排列”功能区中设置“环绕文字”效果为“上下型环绕”，“对齐”方式为“水平居中”。

（2）单击“插入”选项卡“插图”功能区中的“图片”按钮，按照给定的路径找到需要插入的图片，单击“插入”按钮，完成图片的插入。选中图片，在“图片工具”→“格式”选项卡中找到“大小”功能区，将图片高度设置为 5cm，宽度设置为 8cm。然后在“排列”功能区中单击“环绕文字”按钮，在下拉列表中选择“四周型”选项，并适当地移动图片，让图片处于第 2 段文字中。

（3）单击“插入”选项卡“文本”功能区中的“文本框”按钮，在下拉列表中选择“绘制竖排文本框”命令，当鼠标指针变成“＋”时按住鼠标左键并向右拖曳指针绘制一个文本框。选中文本框。在“绘制工具”→“格式”选项卡的“大小”功能区里设置文本框的高度为 4.5cm，宽度为 4.13cm。用鼠标指针选中第 1 段文字，单击鼠标右键，在弹出的快捷菜单中选择“复制”命令，然后等鼠标指针位于文本框中时单击鼠标右键，在弹出的快捷菜单中选择“粘贴”命令，将第 1 段文字复制到文本框。选中文本框中的文字，在“开始”选项卡的“字体”功能区中设置文字字体为华文行楷，字号为 10 磅。选中文本框，在“绘图工具”→“格式”选项卡的“排列”功能区中选择“环绕文字”下拉列表中的“紧密型环绕”。然后在“形状样式”功能区中选择“形状轮廓”→“无轮廓”命令，在“形状样式”功能区中选择“形状填充”→“纹理”→“白色大理石”命令。

（4）保存文档并退出。

【样文】

美丽遂宁

遂宁．有着美丽的风土人情．有着名扬中外的风景名胜．走进遂宁．品味这个古老而具有现代都市气息的城市．会让你身心愉悦．留连忘返．

在遂宁有一处美景．就是“人间仙境”——灵泉寺。步入灵泉寺．映入我们眼帘的是宽阔的聚贤广场。在这里．有美丽的杜鹃花．红的、白的、粉的、红白相间的······让人目不暇接．美丽极了！再往里走．就进入了灵泉湖。湖水清澈．静得能看见水底的沙石．绿

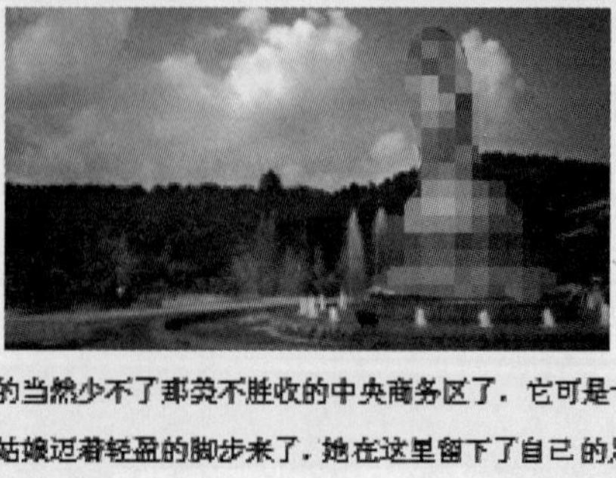

得好像被周围的绿树绿草染过似的．静得像一面大镜子。蓝天倒映在水面上．人们仿佛来到了仙境。夜晚灯光照在水上，一阵微风吹来，水面波光粼粼．真是惬意极了！

遂宁最吸引大家眼球的当然少不了那美不胜收的中央商务区了．它可是一个休闲娱乐的好去处．春天到了．春姑娘迈着轻盈的脚步来了．她在这里留下了自己的足迹。花坛里的花品

种很多，有菊花、杜鹃、紫罗

兰，还有许多不知名的小野花，红的似火，粉的似霞，白的似雪，真是让人目不暇接。轻轻贴近，一股淡淡的清香沁人心脾，时不时还引来一只只小蜜蜂。到了早晨，珍珠般的露水在花瓣上滚动，似乎每一片花瓣都有一个新的生命在颤动。再往里走，就看见了几棵黄果树，它们可是中央商务区的“老住户”了。一到夜晚，中央商务区就成了灯的海洋、光的世界。最引人注目的就是流星灯了，一颗颗“流星”从天而降，在树枝间穿来穿去，像在捉迷藏；又好像它们正在眨着自己的小眼睛，一闪一闪，可爱极了！不仅有流星灯，还有喷泉灯，它从上往下，一层比一层低。灯的颜色五彩缤纷，有白的、蓝的、黄的、绿的……美丽极了！再看看周围，老人们正坐在凉椅上休闲娱乐，年轻人正在悠闲地散着步，这里会使你忘记所有的疲劳……

实训集

实训 1

操作要求

（1）将标题段“WinImp 压缩工具简介”设置为小三号、宋体、加粗，加单下划线，添加黄色（标准色）底纹，文字居中。

（2）将正文“特点……如表一所示。”各段落首行缩进 2 字符，段后间距为 0.8 行。将正文各段的第 1 个词设置为五号、黑体，其余中文文字设置为五号、仿宋，西文文字设置为五号、Arial Unicode MS。将正文第 2 段首字设为黑体，下沉 3 行，距正文 0.5cm。

（3）将“表一 WinZip、WinRar、WinImp 压缩工具测试结果比较”段设置为带阴影的四号宋体字，居中。

（4）将最后 3 行文字转换为一个 3 行 4 列的表格，表格居中，列宽为 3cm。将表格中的文字设置为小五号、楷体，第 1 列文字靠上左对齐，其余各列文字靠上居中对齐。

（5）按原名保存文件。

【样文】

WinImp 压缩工具简介

特点 WinImp 是一款既有 WinZip 的速度，又有 WinAce 压缩率的文件压缩工具，界面很有亲和力。尤其值得一提的是，它的自安装文件才 27KB，非常小巧。它支持 ZIP、ARJ、RAR、GZIP、TAR 等压缩文件格式。压缩、解压、测试、校验、生成自解包、分卷等功能一应俱全。

基本使用 正常安装后，可在资源管理器中单击鼠标右键，利用弹出的快捷菜单中的“Add to imp”及“Extract to ...”项进行压缩和解压。

评价 因机器档次不同，压缩时间很难准确测试，但感觉与 WinZip 大致相当，应当说是相当快了；而压缩率测试采用了 WPS Office 2019 及 Word 2016 作为样本，测试结果如表一所示。

表一 WinZip、WinRar、WinImp 压缩工具测试结果比较

压缩对象	WinZip 压缩	WinRar 压缩	WinImp 压缩
WPS Office 2019(33MB)	13.8MB	13.1MB	11.8MB
Word 2016(31.8MB)	14.9MB	14.1MB	13.3MB

实训 2

操作要求

（1）将标题段“为什么女性寿命一般比男性长？”设置为三号、仿宋，居中，段后间距为 0.8 行。

（2）将正文“一般说来……寿命一般比男性长。”设置为五号、楷体，各段落左右各缩进 4.5 字符，首行缩进 2 字符，行距为 1.2 倍，段前和段后间距各为 12 磅。

（3）将“男性、女性各种动作每分钟消耗热量比较表”段设置为小四号、蓝色、黑体，加单下划线，居中。

（4）将最后 5 行的文字转换为一个 5 行 3 列的表格，表格居中，列宽为 2.4cm（单元格边距左右均为 0），行高为 0.75 磅、固定值。将表格中的文字设置为小四号、宋体，第 1 行和第 1 列文字水平居中，其余单元格中的文字中部右对齐。

（5）按原名保存文件。

【样文】

为什么女性寿命一般比男性长?

一般说来，女性寿命要比男性长。当然，男性寿命比女性长的也有，但那毕竟是少数。

一般情况下，男性从事的劳动和社会工作比较繁重，强度也大，所以体力消耗会比女性大；加上男性中有吸烟、酗酒等损害健康的坏习惯的也比女性多；有些疾病，如高血压、冠心病、癌症、各种职业病等，在男性中也比女性发病率高，所以男性寿命在整体上不如女性长。

另外，女性整体寿命更长还与生理因素有关。科学家们发现，男性基础代谢要比女性高 5% ～ 7%，因此同等条件下男性消耗能量要比女性多（有关统计见下表），这也是女性寿命长的依据之一。

从细胞学和生物学的角度看，有些遗传病如血友病等，往往是通过女性“基因携带者”遗传给男性的。得了血友病，寿命就可能明显缩短。

基于上述各种原因，女性寿命一般比男性长。

男性、女性各种动作每分钟消耗热量比较表

项目	女性	男性
躺着	4.10J	4.98J
站立	6.62J	8.23J
坐着	4.34J	4.70J
走路	12.14J	21.35J

实训 3

操作要求

（1）将文中所有的“自费”替换成“资费”且为其加着重号。

（2）将标题段文字“电信资费调整定下时间表”设置为四号、蓝色、宋体，加粗，加红色阴影边框（边框的线型为实线，线宽为 1.5 磅），居中。

（3）将正文“据信息产业部透露，……调整后的资费标准。”设置为小四号、隶书，各段落悬挂缩进 2 字符，段前间距为 1.2 行。

（4）将“中国电信新电信资费标准”段设置为小三号、红色、黑体、倾斜，加双下划线，整个段落分散对齐。

（5）将文中最后 3 行的文字转换为一个 3 行 2 列的表格，表格居中，列宽 4cm，将表格中的文字设置为小五号、仿宋，第 1 列文字靠上左对齐，第 2 列文字靠上居中对齐。

（6）按原名保存文件。

【样文】

电信资费调整定下时间表

据信息产业部透露，各电信公司的资费调整具体执行时间已经确定，中国电信和中国移动从 2 月 21 日起调整部分有关电信资费。

中国电信调整长话资费的同时，将取消现行所有附加在电信业务基本资费上的附加费，新资费标准执行时间最迟不得晚于 5 月 21 日。

中国移动自 2 月 21 日起，在全国范围统一执行国内长途电话、国际电话调整后的资费标准。

中　国　电　信　新　电　信　资　费　标　准

种类	资费标准
国内长途电话	0.07 元 /6 秒
国际电话	0.80 元 /6 秒

实训 4

操作要求

（1）将全文中的中文句号（。）改为英文的句号（.），并将其设置为红色、黑体。

（2）设置标题“为万虫写照 为百鸟传神”为小一号、红色、空心、楷体、居中。

（3）为正文最后一段文字加红色双线边框和黄色的底纹，设置行距为固定值 34 磅。

（4）正文各段的首行缩进 0.75cm，正文第 2 段左、右各缩进 2 字符，正文第 1 段首字下沉 3 行，字体为隶书，距正文 0.1cm。

（5）将正文第 2 段分为等宽的两栏，间距为 2.5 字符，加分隔线。

（6）设置页面颜色为“茶色，背景 2，深色 25%”，插入页眉“我的作业”，设置页眉文字为黑体、10 磅，右对齐。

（7）在页面底端插入“普通数字 3”型的页码，并设置起始页码为“Ⅲ”。

（8）自定义纸张的宽为 20cm，高为 28cm。页边距是上下各 2.6cm，左右各 3.2cm；页眉距边界为 1.6cm，页脚距边界为 1.8cm。纸张方向设置为横向。以上设置应用于整个文档。

【样文】

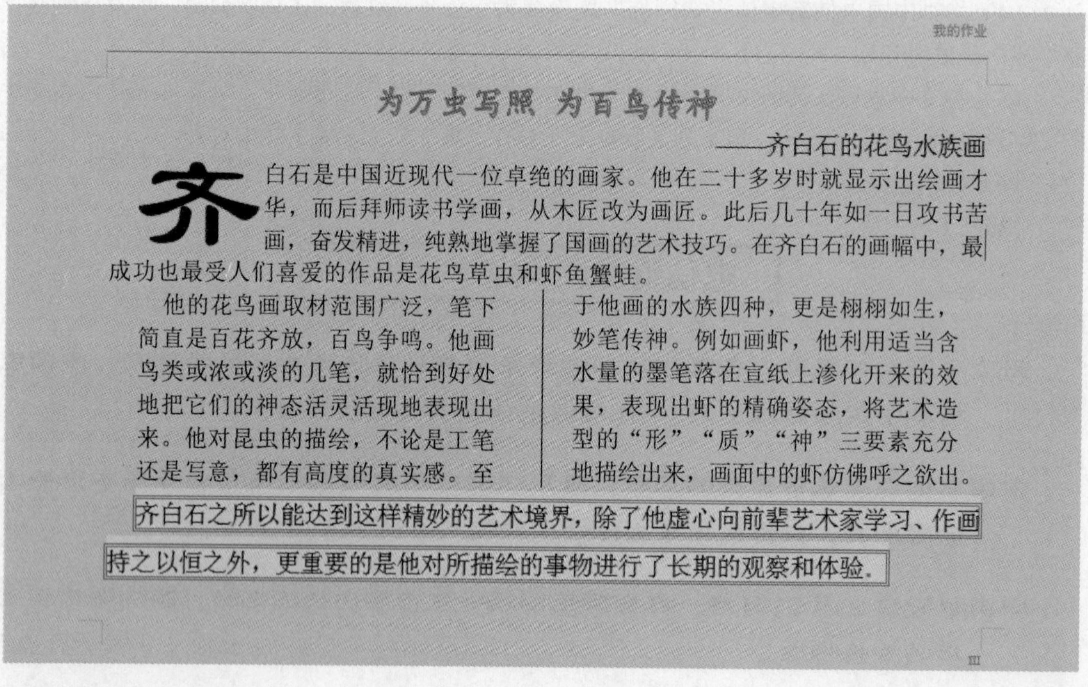

我的作业

为万虫写照 为百鸟传神

——齐白石的花鸟水族画

齐白石是中国近现代一位卓绝的画家。他在二十多岁时就显示出绘画才华，而后拜师读书学画，从木匠改为画匠。此后几十年如一日攻书苦画，奋发精进，纯熟地掌握了国画的艺术技巧。在齐白石的画幅中，最成功也最受人们喜爱的作品是花鸟草虫和虾鱼蟹蛙。

他的花鸟画取材范围广泛，笔下简直是百花齐放，百鸟争鸣。他画鸟类或浓或淡的几笔，就恰到好处地把它们的神态活灵活现地表现出来。他对昆虫的描绘，不论是工笔还是写意，都有高度的真实感。至于他画的水族四种，更是栩栩如生，妙笔传神。例如画虾，他利用适当含水量的墨笔落在宣纸上渗化开来的效果，表现出虾的精确姿态，将艺术造型的“形”“质”“神”三要素充分地描绘出来，画面中的虾仿佛呼之欲出。

齐白石之所以能达到这样精妙的艺术境界，除了他虚心向前辈艺术家学习、作画持之以恒之外，更重要的是他对所描绘的事物进行了长期的观察和体验.

Ⅲ

综合练习

练习 1

（1）打开“上机文件\项目四\综合练习\练习 1\4-1A.docx”文档，按照文件夹中“zp01.

gif”显示的表格设计出宽度为 14cm，高度为 6cm 的方框。输入图片上的文字，将全文的文字设置成宋体、五号，将“第二文化”字符串格式设置成加粗、倾斜并添加下划线。将文中所有的“计算机”加双删除线，保存并关闭文档。

（2）打开“上机文件 \ 项目四 \ 综合练习 \ 练习 1\4-1B.docx”文档，插入“wt01.docx”文档的内容，将全文的文字设置成四号、楷体、居中对齐，行距为 1.4 倍，将项目符号改为“●”，保存并关闭文档。

（3）打开“上机文件 \ 项目四 \ 综合练习 \ 练习 1\4-1C.docx”文档，插入“wt02.docx”文档的内容，设置表格居中，表格列宽为 2cm，行高为 0.67cm。计算并输入实发工资，按实发工资降序排列。

练习 2

（1）打开“上机文件 \ 的项目四 \ 综合练习 \ 练习 2\4-2A.docx”文档，完成下列操作。

① 将全文中所有的“贷款”替换为“带宽”，设置页面颜色为“橙色，个性色 6，淡色 80%”，插入内置“奥斯汀”型页眉，输入页眉内容“互联网发展现状”。

② 将标题段文字“宽带发展面临路径选择”设置为三号、黑体、红色（标准色）、倾斜、居中，添加深蓝色（标准色）波浪下划线，将标题段段后间距设置为 1 行。

③ 设置正文各段首行缩进 2 字符，行距为 20 磅，段前间距为 0.5 行。将正文第 2 段分为等宽的两栏，为正文第 2 段中的“中国电信”一词添加超链接，链接地址为中国电信官网。

（2）打开“上机文件 \ 项目四 \ 综合练习 \ 练习 2\4-2B.docx”文档，完成下列操作。

① 将最后 4 行文字转换为一个 4 行 4 列的表格，设置表格居中，表格各列宽为 2.5cm，各行高为 0.7cm。在表格的最右边增加一列，设置列标题为“平均成绩”。计算各科考试的平均成绩并输入相应的单元格内，计算结果保留小数点后 1 位。按“平均成绩”列的“数字”类型降序排列。

② 设置表格中所有文字水平居中，设置表格外框线及第 1、2 行间的内框线为 0.75 磅的紫色（标准色）双窄线，其余内框线为 1 磅的红色（标准色）单实线。将表格底纹设置为“红色，个性色 2，淡色 80%”。

练习 3

（1）打开“上机文件 \ 项目四 \ 综合练习 \ 练习 3\4-3A.docx”文档，完成下列操作。

① 将全文中所有的“托底”替换为“拖地”。将全文所有英文的字体设置为“Times New Roman”，所有中文的字体设置为仿宋。将标题段文字设置为三号、加粗、居中，字符间距加宽 1.5 磅，将文字效果设置为“水绿色，11 磅发光，个性色 5”。

② 将正文各段文字设置为小四号，首行缩进 2 字符，段前间距为 0.5 行。将正文第 2 段分为等宽的两栏，栏间距为 1 字符，栏间加分隔线。

③ 为页面添加文字为“科技创新”，颜色设置为“红色、强调文字颜色 2、淡色 60%”，设置版式为“水平”的水印。为页面插入“怀旧”型的页脚，文字内容为“PC”，页码编号格式为“Ⅰ、Ⅱ、Ⅲ”，起始页码为“Ⅲ”。

（2）打开“上机文件 \ 项目四 \ 综合练习 \ 练习 3\4-3B.docx”文档，完成下列操作。

① 按照文字分隔位置（制表符）将最后的 9 行文字转换为一个 9 行 3 列的表格。设置表格居中、表格各列宽为 3cm，各行高为 0.5cm，设置表格第 1 行的底纹为“深蓝，文字 2，淡色 60%”。

② 合并表格第 1 列的第 2 ～第 4 行单元格、第 5 ～第 7 行单元格、第 8 ～第 9 行单元格。将合并后的单元格中重复的厂家名称删除，只保留一个；将表格第 1 行和第 1 列所有单元格的内容设为水平居中，其余各行各列的单元格内容中部右对齐。设置表格所有的外框线为 0.5 磅的红色（标准色）双实线，所有的内框线为 1 磅的绿色（标准色）单实线。

练习 4

打开“上机文件 \ 项目四 \ 综合练习 \ 练习 4\4-4.docx”文档，完成下列操作。

（1）将文中所有的“奥林匹克运动会”替换为“奥运会”。在页面底端按照“普通数字 2”样式插入“Ⅰ、Ⅱ、Ⅲ……”格式的页码，起始页码设置为“Ⅳ”。为页面添加“方框”型、0.75 磅、红色（标准色）的双窄线边框。设置页面颜色的填充效果样式为“纹理 - 蓝色面巾纸”。

（2）将标题段文字设置为二号、深红色（标准色）、黑体、加粗，居中，段后间距为 1 行，并设置文本效果为“橄榄色，11pt 发光，个性色 3”。

（3）将正文各段落设置为 1.3 倍行距。将正文第 1 段起始处的文字“新华社 2012 年 8 月 14 日电”设置为黑体。设置正文第 1 段首字下沉 2 行，距正文 0.3cm，设置正文第 2 段首行缩进 2 字符。为正文其余段落添加项目符号“◆”。

（4）将文中最后的 9 行文字转换成一个 9 行 6 列的表格，设置表格列宽为 2.3cm，行高为 0.7cm。设置表格居中，表格中的所有文字水平居中。在“总数”列分别计算各国的奖牌总数（总数＝金牌数＋银牌数＋铜牌数）。

（5）设置表格外框线、第 1 行与第 2 行之间的表格线为 0.75 磅的红色（标准色）双窄线，其余表格框线为 0.75 磅的红色（标准色）单实线。为表格的第 1 行添加橙色（标准色）底纹。设置表格所有单元格的左、右边距均为 0.3cm。按“总数”列的“数字”类型降序排列。

练习 5

打开“上机文件 \ 项目四 \ 综合练习 \ 练习 5\4-5.docx”文档，完成下列操作。

（1）将标题段设置为楷体、四号、红色，并添加红色边框、绿色底纹，设置居中对齐。

（2）为表格的第 6 行第 1 列文字加脚注，脚注内容为“注：由于 2020 级还未开课，大部分学生都选择不确定，因而该课程的评定成绩有特殊性。”脚注字体为小五号、黑体。计算“评定成绩”列的内容（平均值），删除表格下方的第 1 段文字。

（3）设置表格居中，表格第 1 列的列宽为 3cm，第 2 ～第 6 列的列宽为 2.3cm，各行行高均为 0.8cm，表格中的所有文字中部居中。

（4）将文档页面的纸型设置为“A4”，页面上下边距各为 2.5cm，左右边距各为 3.5cm，页面每行 41 字符，每页 40 行。页面垂直对齐方式为“居中对齐”。

（5）插入分页符，将正文倒数第 1 ～第 3 行放在第 2 页，并为其添加项目符号“●”。为表格下方的段落添加红色阴影边框，边框宽度为 3 磅。

项目五 电子表格处理软件 Excel 2016

模块一 数据的录入、格式化与页面设置

案例示范 1 数据的录入与格式化

打开“人事清单 .xlsx”工作簿，数据源内容如图 5-1 所示，设置完的效果如图 5-2 所示。

	A	B	C	D	E	F	G	H	I	J	K	L	M
1	人事资料一览表												
2	序号	员工编号	员工姓名	性别	所在部门	职位	何时来本单位	民族	籍贯	户口所在地	现住址	联系电话	备注
3			章晓月		财务部			汉	四川省	成都市	成都市XXX路	********	
4			蔡志		人事部			汉	河北省	成都市	成都市XXX路	********	
5			单东祥		行政部			汉	山东省	成都市	成都市XXX路	********	
6			王影		采购部			满	河南省	成都市	成都市XXX路	********	
7			周晓春		销售部			汉	广州省	成都市	成都市XXX路	********	
8			闵健		财务部			汉	四川省	成都市	成都市XXX路	********	
9			廖昌久		人事部			汉	河北省	成都市	成都市XXX路	********	
10			万国良		行政部			蒙	山东省	成都市	成都市XXX路	********	
11			苗人杰		采购部			汉	河南省	成都市	成都市XXX路	********	
12			狄南		销售部			汉	广州省	成都市	成都市XXX路	********	
13			刘志永		行政部			汉	山东省	成都市	成都市XXX路	********	
14			许文辉		采购部			回	河南省	成都市	成都市XXX路	********	
15			赵晓民		销售部			汉	广州省	成都市	成都市XXX路	********	
16			付兴		财务部			汉	四川省	成都市	成都市XXX路	********	
17			张小小		人事部			汉	河北省	成都市	成都市XXX路	********	

图 5-1 人事清单

	A	B	C	D	E	F	G	H	I	J	K	L	M	N
1	人事资料一览表													
2	序号	员工编号	员工姓名	性别	身份证号	所在部门	职位	何时来本单位	民族	籍贯	户口所在地	现住址	联系电话	备注
3	01	XX-001	章晓月	女	[illegible]	财务部	职员	2006年7月1日	汉	四川省	成都市	成都市XXX路	********	
4	02	XX-002	蔡志	男	[illegible]	人事部	经理	2000年9月1日	汉	河北省	成都市	成都市XXX路	********	
5	03	XX-003	单东祥	男	[illegible]	行政部	科长	2003年9月1日	汉	山东省	成都市	成都市XXX路	********	
6	04	XX-004	王影	女	[illegible]	采购部	职员	1995年2月1日	满	河南省	成都市	成都市XXX路	********	
7	05	XX-005	周晓春	男	[illegible]	销售部	经理	1998年9月3日	汉	广州省	成都市	成都市XXX路	********	
8	06	XX-006	闵健	女	[illegible]	财务部	科长	1992年10月1日	汉	四川省	成都市	成都市XXX路	********	
9	07	XX-007	廖昌久	男	[illegible]	人事部	职员	2001年9月1日	汉	河北省	成都市	成都市XXX路	********	
10	08	XX-008	万国良	男	[illegible]	行政部	经理	2006年7月1日	蒙	山东省	成都市	成都市XXX路	********	
11	09	XX-009	苗人杰	女	[illegible]	采购部	科长	2000年9月1日	汉	河南省	成都市	成都市XXX路	********	
12	10	XX-010	狄南	女	[illegible]	销售部	职员	2003年9月1日	汉	广州省	成都市	成都市XXX路	********	
13	11	XX-011	刘志永	男	[illegible]	行政部	经理	1995年2月1日	汉	山东省	成都市	成都市XXX路	********	
14	12	XX-012	许文辉	男	[illegible]	采购部	科长	1998年9月3日	回	河南省	成都市	成都市XXX路	********	
15	13	XX-013	赵晓民	女	[illegible]	销售部	职员	1992年10月1日	汉	广州省	成都市	成都市XXX路	********	
16	14	XX-014	付兴	男	[illegible]	财务部	经理	2001年9月1日	汉	四川省	成都市	成都市XXX路	********	
17	15	XX-015	张小小	女	[illegible]	人事部	职员	1992年10月1日	汉	河北省	成都市	成都市XXX路	********	

图 5-2 人事清单效果图

操作要求

（1）参照图 5-2 所示的内容完善工作表，具体要求如下。

① 利用填充功能快速输入序号“01，02，03，…，14，15”。

② 先自定义“员工编号”列的格式以便快速录入员工编号“XX-001，XX-002，…，XX-015”。

③ 录入“性别”和“职位”列数据，利用数据验证规则保证数据录入的正确性。

④ 录入“何时来本单位”列，将日期格式设置为“× 年 × 月 × 日”。

（2）对数据的格式进行设置，具体要求如下。

① 将 A1:M1 单元格区域合并并设置数据水平居中，其余单元格内的数据居中。

② 在“性别”列右侧插入“身份证号”列，并设置数据验证规则为该列数据只能录入 18 位数，然后录入数据。

③ 将表格外框设置为深红色双线，表格内框设置为绿色虚线。

④ 将各行各列设置为适合的高度与宽度。

⑤ 为 A2:N17 单元格区域套用表格格式“表样式中等深浅 3”。

⑥ 将页面的纸张大小设置为 A4，页眉为“人事资料一览表”，页脚为“第 页共 页”格式，完成后将工作表保存到 D 盘下并命名为“人事清单”。

操作步骤

（1）选择 A3:A17 单元格区域，单击鼠标右键，在弹出的快捷菜单中选择“设置单元格格式”命令。在“设置单元格格式”对话框的“数字”选项卡下选择“文本”，单击“确定”按钮，然后在 A3 单元格中录入“01”（也可直接录入 '01），其余单元格直接填充即可。

（2）“员工编号”均以“XX-”开头，为了减少录入的工作量，先设置该列单元格的格式。先选择 B3:B17 单元格区域，单击鼠标右键，在弹出的快捷菜单中选择“设置单元格格式”命令。在“设置单元格格式”对话框的“数字”选项卡下选择“自定义”，并在“类型”下方的文本框中输入“XX-000”，如图 5-3 所示，然后单击“确定”按钮。这样在 B3 单元格中只需录入 1 即可显示“XX-001”。之后在按住【Ctrl】键的同时拖动填充柄即可实现其余单元格中编号的录入（也可直接录入 XX-001，然后填充实现）。

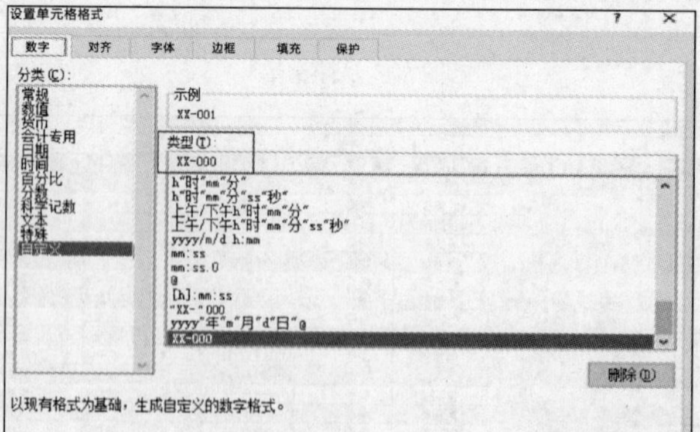

图 5-3　自定义文本格式

（3）为保证“性别”列的信息正确录入，可先选择 D3:D17 单元格区域，执行“数据”→“数据工具”→“数据验证”命令，弹出“数据验证”对话框。在“设置”选项卡的“允许”下拉列表中选择“序列”选项，在“来源”文本框中输入“男,女”（注意使用英文逗号），如图 5-4 所示，单击“确定”按钮。在“性别”列输入数据时即可在列表框中选取需要的值。

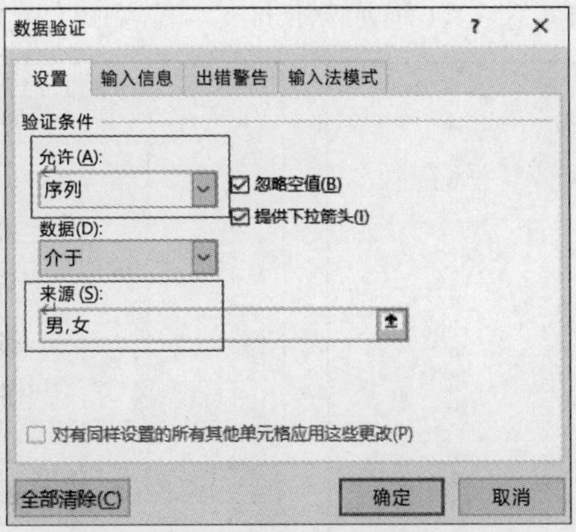

图 5-4 “数据验证”对话框

（4）“职位”列的录入方法可参照“性别”列，此处不再重复叙述。

（5）选择 G3:G17 单元格区域，单击鼠标右键，在弹出的快捷菜单中选择“设置单元格格式”命令。在“设置单元格格式”对话框的“数字”选项卡中设置日期格式为“× 年 × 月 × 日”形式，单击“确定”按钮返回。在 G3 单元格中输入“2006-7-1”即会显示 2006 年 7 月 1 日。同理可实现本列其他日期型数据的输入。

（6）分别选择目标区域，单击鼠标右键，在弹出的快捷菜单中选择“设置单元格格式”命令。在“设置单元格格式”对话框的“对齐”选项卡下将 A1:M1 单元格区域合并并设置数据水平居中对齐，设置其余单元格内的数据居中。

（7）选择 E 列，执行“开始”→“单元格”→“插入”→“插入工作表列”命令，这时新插入的列具有“性别”列的“数据验证”规则，所以先将 E3:E17 单元格区域的“数据验证”规则修改为文本长度等于 18 位，然后录入该列的数据即可。

（8）在“设置单元格格式”对话框的“边框”选项卡下按题目要求进行相应设置。

（9）选择各行（列），执行“开始”→“单元格”→“格式”→“自动调整行高（列宽）”命令。

（10）选择 A2:N17 单元格区域，执行“开始”→“样式”→“套用表格格式”→“表样式中等深浅 3”命令。

（11）在菜单栏中单击“页面布局”选项卡，打开“页面设置”对话框，在其中完成相应设置。

案例示范 2 数据表的格式化

打开“成绩表 .xlsx”工作簿，数据源内容如图 5-5 左图所示，设置后的效果如图 5-5 右图所示。

操作要求

（1）在数据区域最右侧增加一列“总分”列，并录入每个人的总分。

（2）在“李红”行下方插入一条记录，该记录内容同“张红”行的内容，然后删除“张红”行。

（3）在“姓名”列右侧添加一列，命名为“学号”，分别录入“001，002，003…”。

（4）给数据添加标题行，在 A1 单元格录入“成绩统计表”，将文本设置为楷体、加粗、15 磅、红色，对应区域为浅绿色底纹。A1 单元格中的文本在 A1:F1 单元格区域内实现跨列居中。

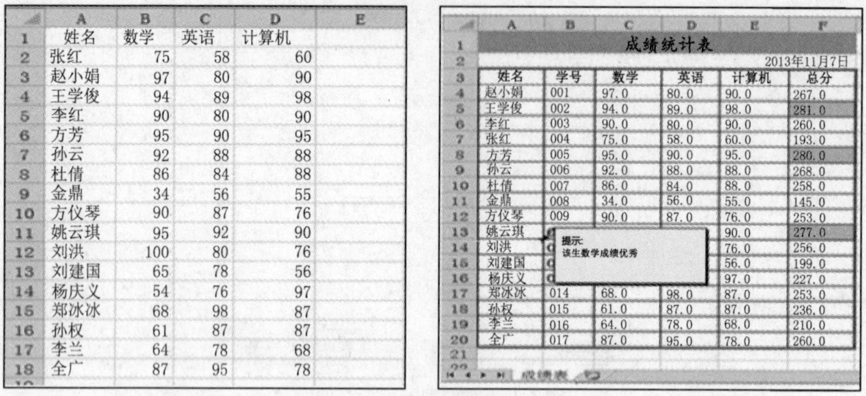

	A	B	C	D	E
1	姓名	数学	英语	计算机	
2	张红	75	58	60	
3	赵小娟	97	80	90	
4	王学俊	94	89	98	
5	李红	90	80	90	
6	方芳	95	90	95	
7	孙云	92	88	88	
8	杜倩	86	84	88	
9	金鼎	34	56	55	
10	方仪琴	90	87	76	
11	姚云琪	95	92	90	
12	刘洪	100	80	76	
13	刘建国	65	78	56	
14	杨庆义	54	76	97	
15	郑冰冰	68	98	87	
16	孙权	61	87	87	
17	李兰	64	78	68	
18	全广	87	95	78	

	A	B	C	D	E	F
1	成绩统计表					
2						2013年11月7日
3	姓名	学号	数学	英语	计算机	总分
4	赵小娟	001	97.0	80.0	90.0	267.0
5	王学俊	002	94.0	89.0	98.0	281.0
6	李红	003	90.0	80.0	90.0	260.0
7	张红	004	75.0	58.0	60.0	193.0
8	方芳	005	95.0	90.0	95.0	280.0
9	孙云	006	92.0	88.0	88.0	268.0
10	杜倩	007	86.0	84.0	88.0	258.0
11	金鼎	008	34.0	56.0	55.0	145.0
12	方仪琴	009	90.0	87.0	76.0	253.0
13	姚云琪				90.0	277.0
14	刘洪				76.0	256.0
15	刘建国				56.0	199.0
16	杨庆义				97.0	227.0
17	郑冰冰	014	68.0	98.0	87.0	253.0
18	孙权	015	61.0	87.0	87.0	236.0
19	李兰	016	64.0	78.0	68.0	210.0
20	全广	017	87.0	95.0	78.0	260.0

图 5-5　成绩表清单和效果图

（5）给“刘洪”所在单元格加上批注“该生数学成绩优秀”。

（6）将各科成绩为“80”的数值设为红色（要求用“替换”命令完成）。

（7）在标题行的下方增加一行，然后合并 A2:F2 单元格区域，录入当天的日期并靠右对齐，日期格式为“× 年 × 月 × 日”。

（8）将第 3 行文字的格式设为宋体、12 号、加粗，居中（水平方向），下方各行文字的格式为宋体、12 号，左对齐。

（9）将数值型数据保留 1 位小数。

（10）将标题行的行高设为 22 磅，其余各行各列均自动调整。

（11）将表格外框设为双细线，内框设为单细线，各列标题行与其下 1 行之间为红色单细线。

（12）将“总分”列大于 270 的数值设为“浅红填充色，深红色文本”。

（13）将工作表更名为“成绩表”，以原文件名保存。

操作步骤

（1）单击 E1 单元格，录入“总分”，选中 E2 单元格，录入“=SUM(B2:D2)”后按【Enter】键；再次选中 E2 单元格，拖动填充柄到 E18 单元格完成“总分”列的计算。

（2）选中第 6 行，执行“开始”→“单元格”→“插入”→“插入工作表行”命令，再选择“A2:E2”单元格区域，执行“开始”→“剪贴板”→“复制”命令；然后单击 A6 单元格执行“开始”→“剪贴板”→“粘贴”命令；最后选取第 2 行，执行“开始”→“单元格”→“删除”→“删除工作表行”命令。

（3）选中第 2 列，执行“开始”→“单元格”→“插入”→“插入工作表列”命令，在 B1 单元格中录入“学号”，然后选中 B2 单元格并录入“'001”（英文单引号带头），再次选中 B2 单元格，拖动填充柄到 B18 完成“学号”列的录入。

（4）选中第 1 行，执行“开始”→“单元格”→“插入”→“插入工作表行”命令，然后选中 A1 单元格并录入“成绩统计表”，再选中 A1:F1 单元格区域，单击鼠标右键，在弹出的快捷菜单中选择“设置单元格格式”命令，在“设置单元格格式”对话框中完成相应的设置。

（5）选中“刘洪”所在单元格，执行“审阅”→“批注”→“新建批注”命令，录入要求的内容。

（6）单击数据区，执行“开始”→“编辑”→“查找和选择”→“替换”命令，弹出“查找和替换”对话框，如图 5-6 所示。进行内容的替换，注意勾选“单元格匹配”复选框。

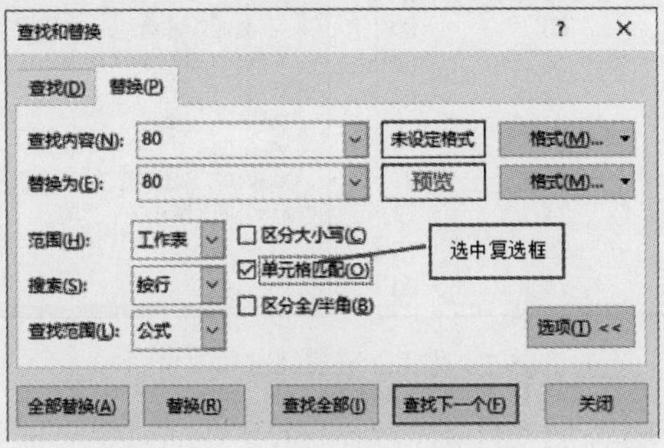

图 5-6 “查找和替换”对话框

（7）选中第 2 行，执行“开始”→“单元格”→“插入”→“插入工作表行”命令，接着选中 A2:F2 单元格区域，单击鼠标右键，在弹出的对话框中选择“设置单元格格式”命令。在“设置单元格格式”对话框的“对齐”选项卡中完成“合并单元格”和“右对齐”格式的设置，同时在“数字”选项卡中设置日期格式为“× 年 × 月 × 日”形式，单击“确定”按钮返回。录入当天日期，比如“2020-9-1”。

（8）分别选中 A3:F3 单元格区域和 A4:F20 单元格区域，单击鼠标右键，在弹出的对话框中选择“设置单元格格式”命令。在“设置单元格格式”对话框中完成相应设置。

（9）选中 C4:F20 区域，单击鼠标右键，在弹出的对话框中选择“设置单元格格式”命令。在“设置单元格格式”对话框的“数字”选项卡中完成相应设置。

（10）选中标题行，执行“开始”→“单元格”→“格式”→“行高”命令，在“行高”对话框中设置行高为 22；然后选中其余各行，执行“开始”→“单元格”→“格式”→“自动调整行高”命令。用同样的方法完成列宽的设置。

（11）选中 A3:F20 区域，单击鼠标右键，在弹出的对话框中选择“设置单元格格式”命令。在“设置单元格格式”对话框的“边框”选项卡中设置外框线为双细线，内框线为单细线。然后选中 A3:F3 区域，用同样的方法设置下框线为“红色，单细线”。

（12）选中 F4:F20 区域，执行“开始”→“样式”→“条件格式”→“突出显示单元格规则”→“大于”命令，在“大于”对话框中设置参数。

（13）将鼠标指针放在工作表标签上，单击鼠标右键，在弹出的快捷菜单中选择“重命名”命令，录入文字“成绩表”，完成工作表的更名。

实训集

实训 1

打开“化工 2 班成绩表 .xlsx”工作簿，如图 5-7 所示，左图为数据源内容，右图为设置后的效果。

操作要求

（1）在“编号”列依次输入“XL-0101，XL-0102，…，XL-0108”，要求先定义好格式，只需输入后 4 位数字即可实现数据的录入，再利用填充功能快速录入该列数据。

	A	B	C	D	E
1		成绩统计表			
2	编号	姓名	高等数学	大学英语	计算机基础
3		王大伟	78	80	90
4		李博	89	86	80
5		程小霞	79	75	86
6		马红军	90	92	88
7		李枚	96	95	97
8		丁一平	69	74	79
9		张姗姗	60	68	75
10		柳亚萍	72	79	80

	A	B	C	D	E	F
1	成绩统计表					
2	编号	姓名	性别	高等数学	大学英语	计算机基础
3	XL-0101	王大伟	男	78.0	56.0	90.0
4	XL-0102	李博	男	89.0	86.0	80.0
5	XL-0103	程小霞	女	79.0	75.0	86.0
6	XL-0104	马红军	男	90.0	92.0	88.0
7	XL-0105	李枚	女	96.0	95.0	97.0
8	XL-0106	丁一平	男	45.0	74.0	79.0
9	XL-0107	张姗姗	女	60.0	68.0	55.0
10	XL-0108	柳亚萍	女	72.0	79.0	80.0
11						
12						
13						

图 5-7　化工 2 班成绩表和效果图

（2）在“姓名”列的右侧添加“性别”列，设置下拉列表只能输入“男”或“女”，并按效果图进行录入。

（3）将标题行的行高设为 40 磅，合并 A1:F1 单元格区域并将内容设置为上下、左右均居中，字体加粗，字号为 16 磅，其余区域的数据内容水平居中。

（4）将各列的宽度设置为合适的列宽。

（5）将各科成绩中不及格的单元格字体颜色设置为红色。

（6）给 A2:F10 单元格区域套用表格格式“浅绿，表样式浅色 4”。

（7）将所有的成绩设置为数值型并保留 1 位小数。

（8）将工作表改名为“化工 2 班 3 组成绩表”。

实训 2

打开“员工信息表 .xlsx”工作簿，如图 5-8 所示，左图为数据源内容，右图为设置后的效果。

	A	B	C	D	E	F
1	员工信息表					
2	员工编号	姓名	性别	学历	身份证号	技术等级
3		李莉				高级技师
4		顾照月				高级技师
5		程韬				技师
6		刘天飞				技师
7		谭超群				技师
8		夏春				技工
9		吴凤霞				技师
10		丁桂萍				高级技师
11		严红兰				高级技师
12		黄俊高				高级技师
13		樊斌				高级技师
14		黄春会				高级技师
15		俞红				技师
16		马国祥				技工
17		徐洁				技工
18		张成军				技师
19		郭万平				高级技师
20		李庆				技师
21		马安玲				高级技师
22		林钢				高级技师

员工情况一览表

员工信息表

员工编号	姓名	性别	学历	身份证号	技术等级
T0256	李莉	男	专科	[redacted]	高级技师
T0226	顾照月	女	本科	[redacted]	高级技师
T0268	程韬	男	本科	[redacted]	技师
T0345	刘天飞	男	本科	[redacted]	技师
T0348	谭超群	女	本科	[redacted]	技师
T0152	夏春	女	硕士	[redacted]	技工
T0138	吴凤霞	女	博士	[redacted]	技师
T0392	丁桂萍	女	本科	[redacted]	高级技师
T0369	严红兰	男	专科以下	[redacted]	高级技师
T0252	黄俊高	男	专科	[redacted]	高级技师
T0224	樊斌	女	本科	[redacted]	高级技师
T0324	黄春会	男	硕士	[redacted]	高级技师
T0262	俞红	女	专科	[redacted]	技师
T0132	马国祥	女	本科	[redacted]	技工
T0151	徐洁	女	硕士	[redacted]	技工
T0382	张成军	女	博士	[redacted]	技师
T0211	郭万平	女	本科	[redacted]	高级技师
T0322	李庆	女	本科	[redacted]	技师
T0343	马安玲	男	专科	[redacted]	高级技师
T0299	林钢	女	专科	[redacted]	高级技师

图 5-8　员工信息表与效果图

操作要求

（1）按“员工编号”列的数据从小到大排序，使用自定义单元格格式实现录入。

（2）设置“性别”（男、女）、“学历”（专科以下、专科、本科、硕士、博士）两列数据从下拉列表中选择。

（3）将“身份证号”列数据的文本长度设为 18 位，出错时弹出图 5-9 所示的“出错警告”对话框。

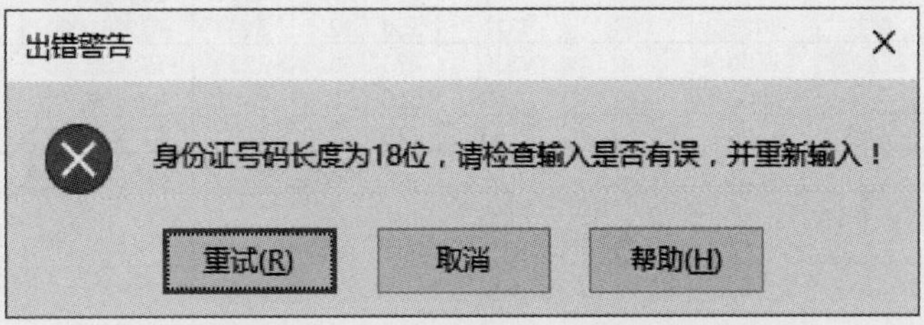

图 5-9 “出错警告”对话框

（4）将纸张方向设为纵向，页边距为左右各 1.8cm、上下各 3.0cm，页眉页脚边距为 1.8cm，页眉内容为“员工情况一览表”，并设置页眉居中，页脚内容格式为“第 1 页 共 页”，每页均打印标题行（工作表中的第 1 行）。

模块二 数据的运算

案例示范 1 公式的使用

打开“工资账单 .xlsx”工作簿，数据源内容如图 5-10 所示，设置完后的效果如图 5-11 所示。

	A	B	C	D	E	F	G	H	I	J	K	L
1		工资明细表										
2		姓名	性别	职称	基本工资	工龄津贴	职务津贴	奖金	扣除	应发数	实发工资	实发工资所占百分比
3		李云清	女	助教	1500	22	180		35.5			
4		谢天明	男	教授	3000	30	310		54.5			
5		史杭美	女	副教授	2500	25	240		36.5			
6		罗瑞维	女	助教	1500	20	156		55.5			
7		秦基业	男	讲师	2000	24	208		60.5			
8		刘予予	女	教授	3000	38	310		67.5			
9		苏丽丽	女	副教授	2500	29	240		68.5			
10		蒋维模	男	教授	3000	34	310		32.5			
11		王一平	女	副教授	2500	40	335		60.5			
12		王大宗	男	讲师	2000	19	208		30.5			
13		毕大明	男	助教	1500	11	156		45.0			
14									实发工资合计			

图 5-10 工资账单

	A	B	C	D	E	F	G	H	I	J	K	L
1							工资明细表					
2		姓名	性别	职称	基本工资	工龄津贴	职务津贴	奖金	扣除	应发数	实发工资	实发工资所占百分比
3		李云清	女	助教	1500	22	180	225	35.5	1927	¥1,891.50	6.1%
4		谢天明	男	教授	3000	30	310	450	54.5	3790	¥3,735.50	12.0%
5		史杭美	女	副教授	2500	25	240	375	36.5	3140	¥3,103.50	10.0%
6		罗瑞维	女	助教	1500	20	156	225	55.5	1901	¥1,845.50	5.9%
7		秦基业	男	讲师	2000	24	208	300	60.5	2532	¥2,471.50	7.9%
8		刘予予	女	教授	3000	38	310	450	67.5	3798	¥3,730.50	12.0%
9		苏丽丽	女	副教授	2500	29	240	375	68.5	3144	¥3,075.50	9.9%
10		蒋维模	男	教授	3000	34	310	450	32.5	3794	¥3,761.50	12.1%
11		王一平	女	副教授	2500	40	335	375	60.5	3250	¥3,189.50	10.2%
12		王大宗	男	讲师	2000	19	208	300	30.5	2527	¥2,496.50	8.0%
13		毕大明	男	助教	1500	11	156	225	45.0	1892	¥1,847.00	5.9%
14										实发工资合计	¥31,148.00	

图 5-11 计算后的工资账单

操作要求

（1）计算“奖金”列，其金额为基本工资的 15%。

（2）计算“应发数”列（应发数 = 基本工资 + 工龄津贴 + 职务津贴 + 奖金）。

（3）计算“实发工资”列（实发工资 = 应发数 − 扣除）。

（4）在 K14 单元格内计算实发工资的总和。

（5）计算每个人所得的实发工资占实发工资合计的百分比，结果保留 1 位小数。

操作步骤

（1）单击 H3 单元格，在编辑栏输入公式“=E3*15%”，按【Enter】键确认，然后填充其他相应单元格。

（2）单击 J3 单元格，在编辑栏输入公式“=E3+F3+G3+H3”，按【Enter】键确认，然后填充其他相应单元格。

（3）单击 K3 单元格，在编辑栏输入公式“=J3-I3”，按【Enter】键确认，然后填充其他相应单元格。

（4）选中 K 列，设置单元格格式，数字设为“¥×,×××,××”格式。

（5）单击 K14 单元格，在编辑栏输入公式“=SUM(K3:K13)”，按【Enter】键确认。

（6）单击 L3 单元格，在编辑栏输入公式“=K3/K$14”，按【Enter】键确认，然后填充其他相应单元格。

案例示范 2　常用函数的应用

打开“文秘 A 班成绩表 .xlsx”工作簿，数据源内容如图 5-12 所示，设置完的效果如图 5-13 所示。

操作要求

（1）按图 5-13 所示的效果图设置“文秘 A 班成绩表”的格式。

（2）求出表中每个人 4 门课程的“总成绩”。

（3）确定每个人按总分排名的名次，并在“有无补考”列标明是否有补考（只注明“有”，“无”不用填）。

	A	B	C	D	E	F	G	H	I	J
1	成绩汇总表									
2	学号	姓名	性别	数学	英语	计算机	写作	总成绩	排名	有无补考
3	90220002	张成祥	男	97	94	93	93			
4	90220013	唐来云	男	80	73	69	87			
5	90213009	张雷	男	85	71	67	77			
6	90213022	韩文歧	女	88	81	73	81			
7	90213003	郑俊雷	女	89	92	77	85			
8	90213013	马云燕	女	91	68	76	82			
9	90213024	王晓燕	女	86	79	80	93			
10	90213037	贾莉莉	女	93	73	78	88			
11	90220023	李广林	男	94	84	60	86			
12	90216034	马丽萍	女	55	59	98	76			
13	91214065	高云河	男	74	77	84	77			
14	91214045	王卓然	男	88	74	77	78			
15	平均分									
16										
17	全班各门学科成绩高最分：									
18	全班男生各门学科的平均成绩：									
19	全班女生各门学科的平均成绩：									
20	全班总成绩＞＝320的总人数：									
21	统计总成绩＞＝300且总成绩＜320学生人数：									

图 5-12　文秘 A 班成绩表

	A	B	C	D	E	F	G	H	I	J
1	文秘A班学生成绩统计表									
2	学号	姓名	性别	数学	英语	计算机	写作	总成绩	排名	有无补考
3	90220002	张成祥	男	97	94	93	93	377	1	
4	90220013	唐来云	男	80	73	69	87	309	10	
5	90213009	张雷	男	85	71	67	77	300	11	
6	90213022	韩文歧	女	88	81	73	81	323	5	
7	90213003	郑俊霞	女	89	62	77	85	313	8	
8	90213013	马云燕	女	91	68	76	82	317	6	
9	90213024	王晓燕	女	86	79	80	93	338	2	
10	90213037	贾莉莉	女	93	73	78	88	332	3	
11	90220023	李广林	男	94	84	60	86	324	4	
12	90216034	马丽萍	女	55	59	98	76	288	12	有
13	91214065	高云河	男	74	77	84	77	312	9	
14	91214045	王卓然	男	88	74	77	78	317	6	
15	平均分			85.0	74.6	77.7	83.6	320.8		
16										
17	全班各门学科成绩最高分：			97	94	98	93			
18	全班男生各门学科的平均成绩：			86.3	78.8	75.0	83.0			
19	全班女生各门学科的平均成绩：			83.7	70.3	80.3	84.2			
20	全班总成绩>=320的总人数：							5		
21	统计总成绩>=300且总成绩<320的学生人数：							6		

成绩表

图 5-13　文秘 A 班成绩表效果图

（4）求出各门课程的平均成绩和总成绩的平均成绩（保留 1 位小数），统计出“全班各门学科成绩最高分”。

（5）求出“全班男生各门学科的平均成绩”（保留 1 位小数）和“全班女生各门学科的平均成绩”。

（6）统计出“全班总成绩＞=320 的总人数”和“统计总成绩＞=300 且总成绩＜ 320 的学生人数”。

操作步骤

（1）格式设置的具体方法略。

（2）单击 H3 单元格，输入“=SUM(D3:G3)”，按【Enter】键确认（此步也可利用插入函数的方法进行，即执行“公式”→“插入函数”命令，在弹出的“插入函数”对话框中完成设置），然后填充相应单元格。

（3）单击 I3 单元格，执行“公式”→“插入函数”命令，弹出“插入函数”对话框。在“选择函数”列表框中找到“RANK”并双击，弹出“函数参数”对话框。在“函数参数”对话框中设置相应参数，如图 5-14 所示。注意被排名的区域要用绝对引用或混合引用，然后填充其他相应单元格。

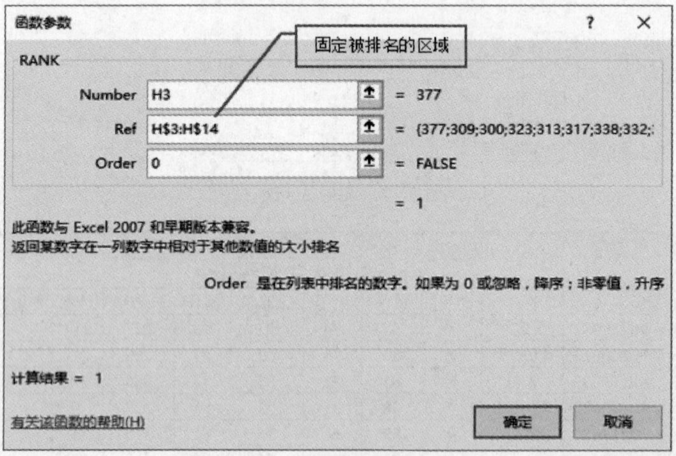

图 5-14　RANK 函数参数设置

（4）单击 J3 单元格，执行“公式”→“插入函数”命令，弹出“插入函数”对话框。在“选择函数”列表框中选择“IF”并双击，弹出“函数参数”对话框。在“插入函数”对话框中设置相应参数，如图 5-15 所示。注意复合条件的用法（有一门课不及格就需要注明“有”，从逻辑关系上看是“或逻辑”关系，所以用 OR 函数嵌套），然后填充其他相应单元格。

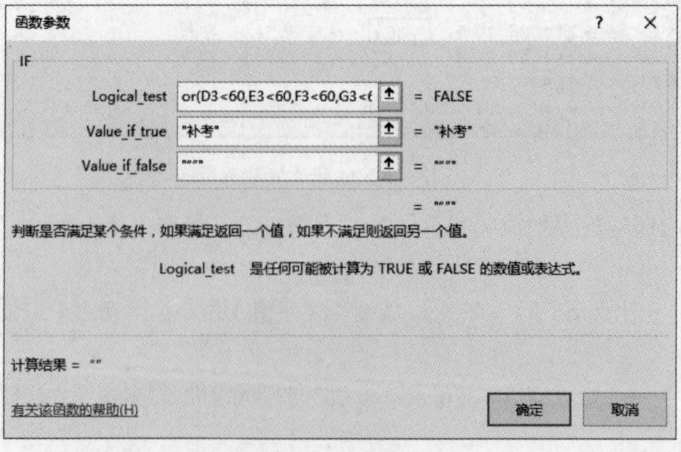

图 5-15　IF 函数参数设置

（5）单击 D17 单元格，输入“=MAX(D3:D14)”并按【Enter】键即可，也可执行“公式”→“插入函数”命令，在弹出的“插入函数”对话框中找到 MAX 函数，双击，在弹出的“函数参数”对话框中设置相应参数并单击“确定”按钮，然后再次单击 D17 单元格拖动填充柄到 G17 单元格进行填充。单击 D15 单元格，输入“=AVERAGE(D3:D14)”并按【Enter】键确认，接着再次单击 D15 单元格拖动填充柄到 G15 单元格进行填充。

（6）单击 D18 单元格，执行“公式”→“插入函数”命令，弹出“插入函数”对话框。双击“SUMIF”弹出“函数参数”对话框，按图 5-16 所示设置参数（注意条件区域应使用混合引用以便填充其余列的统计数据），从而求出所有男生的数学成绩之和。再次选中 D18 单元格，将公式修改为 =SUMIF($C3:$C14," 男 ",D3:D14)/COUNTIF($C3:$C14," 男 ")，其中 COUNTIF($C3:$C14," 男 ") 是统计男生的人数，条件区域也应使用混合引用以便填充其余列的统计。（提示：请再用 AVERAGEIF 函数求解，体会其方便性。）单元格的填充方法同前。

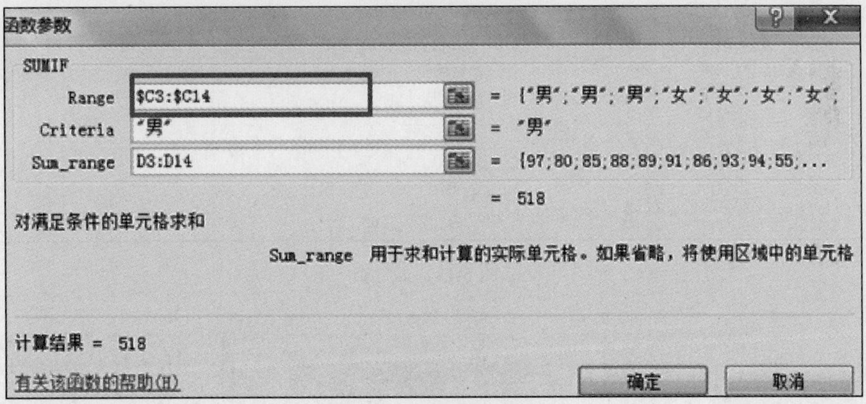

图 5-16　SUMIF 函数参数设置

（7）用同样的方法计算“全班女生各门学科成绩的平均成绩”。

（8）单击 H20 单元格，执行“公式”→“插入函数”命令，弹出“插入函数”对话框，双击“COUNTIF”弹出“函数参数”对话框。设置参数，如图 5-17 所示，实现对“全班总成绩＞=320 的总人数”的统计。

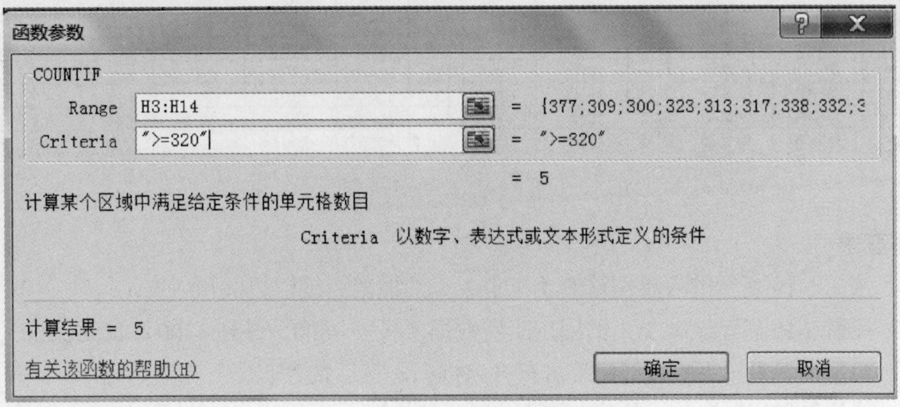

图 5-17　COUNTIF 函数参数设置

（9）单击 H21 单元格，输入“=COUNTIF(H3:H14,">=300")-COUNTIF(H3:H14,">=320")”，从而实现“统计总成绩＞=300 且总成绩＜320 的学生人数”。（此小题是多条件的统计，即总成绩＞=300 且总成绩＜320，请用 COUNTIFS 函数求解，体会其方便性。）

案例示范 3　数据表的格式设置与数据运算

打开“工资表.xlsx”工作簿，数据源内容如图 5-18 所示，设置完的效果如图 5-19 所示。

	A	B	C	D	E	F	G	H	I	J	K	L	M
1	工资表												
2	基本信息				应付工资			应付工	应扣工资			应扣工资	实发
3	员工编号	员工姓名	所在部门	职位	固定工资	加班费(元)	其他	资合计	养老保险	医疗保险	所得税	合计	工资
4	XX-001	章晓月	财务部	职员		300							
5	XX-002	蔡志	人事部	经理		50							
6	XX-003	单东祥	行政部	科长		200							
7	XX-004	王影	采购部	职员		200							
8	XX-005	周晓春	销售部	经理		300							
9	XX-006	闵健	财务部	科长		140							
10	XX-007	廖昌久	人事部	职员		400							
11	XX-008	万国良	行政部	经理		440							
12	XX-009	苗人杰	采购部	科长		560							
13	XX-010	狄南	销售部	职员		100							
14	XX-011	刘志永	行政部	经理		100							
15	XX-012	许文辉	采购部	科长		200							
16	XX-013	赵晓民	销售部	职员		300							
17	XX-014	付兴	财务部	经理		100							
18	XX-015	张小小	人事部	科长		200							

图 5-18　工资表

	A	B	C	D	E	F	G	H	I	J	K	L	M
1	工资表												
2	基本信息				应付工资			应付工	应扣工资			应扣工资	实发
3	员工编号	员工姓名	所在部门	职位	固定工资	加班费	其他	资合计	养老保险	医疗保险	所得税	合计	工资
4	XX-001	章晓月	财务部	职员	3500	300	700	4500	280	70	135	485	4015
5	XX-006	闵健	财务部	科长	4200	140	840	5180	336	84	518	938	4242
6	XX-014	付兴	财务部	经理	4800	100	960	5860	384	96	586	1066	4794
7	XX-004	王影	采够部	职员	3500	200	700	4400	280	70	132	482	3918
8	XX-009	苗人杰	采够部	科长	4200	560	840	5600	336	84	560	980	4620
9	XX-012	许文辉	采够部	科长	4200	200	840	5240	336	84	524	944	4296
10	XX-003	单东祥	行政部	科长	4200	200	840	5240	336	84	524	944	4296
11	XX-008	万国良	行政部	经理	4800	440	960	6200	384	96	620	1100	5100
12	XX-011	刘志永	行政部	经理	4800	100	960	5860	384	96	586	1066	4794
13	XX-007	廖昌久	人事部	职员	3500	400	700	4600	280	70	138	488	4112
14	XX-002	蔡志	人事部	理经	3500	50	700	4250	280	70	128	478	3773
15	XX-015	张小小	人事部	科长	4200	200	840	5240	336	84	524	944	4296
16	XX-010	狄南	销售部	职员	3500	100	700	4300	280	70	129	479	3821
17	XX-013	赵晓民	销售部	职员	3500	300	700	4500	280	70	135	485	4015
18	XX-005	周晓春	销售部	经理	4800	300	960	6060	384	96	606	1086	4974

图 5-19　工资表效果图

操作要求

（1）按图 5-19 所示的效果图修改“工资表”的框架并设置边框和底纹。

（2）按图 5-19 所示录入员工的固定工资数据（科长 4800、经理 4200、职员 3500）。

（3）对工资表先按“所在部门”进行升序排列，然后按“职位”降序排列。

（4）计算“其他”列，“其他”工资为固定工资的 20%。

（5）计算“应付工资合计”列。

（6）计算“养老保险”列，养老保险金额为固定工资的 8%。

（7）计算“医疗保险”列，医疗保险金额为固定工资的 2%。

（8）计算“所得税”列，应付工资小于或等于 3 500 元的不扣所得税，应付工资大于 3 500 元小于等于 5 000 元的扣 3% 所得税，应付工资在 5 000 元以上的扣 10% 所得税（不考虑其他级数和速算扣除数，以便简化算式）。

（9）计算“应扣工资合计”列。

（10）计算“实发工资”列。

（11）把各个部门的情况分别复制到其他工作表中建立各部门信息表，并将工作表的名称改为对应部门的名称。

（12）制作财务部 3 位员工的“工资条”。

操作步骤

（1）按效果图格式化表格（具体步骤略）。

（2）录入固定工资，单击 E4 单元格，输入公式“=IF(D4=" 经理 ",4200,IF(D4=" 科长 ",4800,3500))。

（3）单击数据区的任意单元格，执行“数据”→“排序和筛选”→“排序”命令，打开“排序”对话框，进行相应设置后单击“确定”按钮。

（4）单击 G4 单元格，输入公式“=E4*0.2”，然后填充至 G18 单元格。

（5）单击 H4 单元格，输入公式“=SUM(E4:G4)”，然后填充至 H18 单元格。

（6）单击 I4 单元格，输入公式“=E4*0.08”，然后填充至 I18 单元格。

（7）单击 J4 单元格，输入公式“=E4*0.02”，然后填充至 J18 单元格。

（8）单击 K4 单元格，输入公式“=IF(H4 ＜ =3500,0,IF(H4 ＜ =5000,H4*0.03,H4*0.1))”（算式中未考虑速算扣除数），然后填充至 K18 单元格。

（9）单击 L4 单元格，输入公式“=SUM(I4:K4)”，然后填充至 L18 单元格。

（10）单击 M4 单元格，输入公式“=H4-L4”，然后填充至 M18 单元格。

（11）先新建所需工作表，分别选中各部门的数据区域，执行“开始”→“复制”命令，然后选中其他工作表将相应数据“粘贴”上去，并将工作表标签重命名为对应的部门名称。

（12）由于财务部只有 3 位员工，所以利用“页面设置”对话框来完成工资条的制作：执行“页面布局”→“页面设置”命令，打开“页面设置”对话框，进行以下设置。

① 在“页面”选项卡中将纸张方向设为“横向”，以便一行就打印出员工的所有数据。

② 在“工作表”选项卡中，设置“打印区域”和“顶端标题行”，具体设置如图 5-20 所示。

③ 在“页边距”选项卡中，调整下边距，使工作表刚好在工作表中第 1 名员工“章晓月”行的下边线处实现分页。

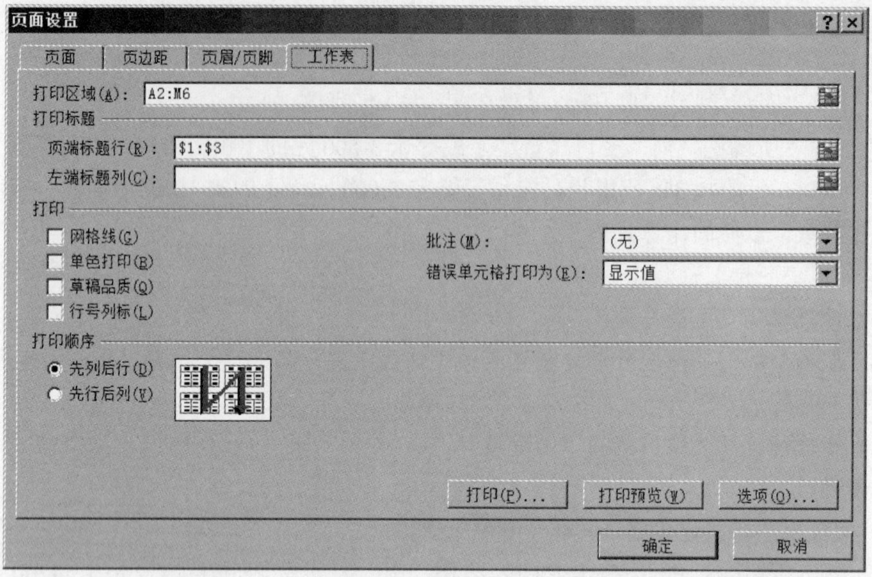

图 5-20 “页面设置”对话框

实训集

实训 1

打开“日生产情况表 .xlsx”工作簿，设置完的效果如图 5-21 所示。

	A	B	C	D	E	F
1	某企业日生产情况表					
2	产品型号	日产量(台)	单价（元）	产值（元）	产量所占比例	产值所占比例
3	M01	1230	320	393600	9.9%	3.4%
4	M02	2510	150	376500	20.3%	3.2%
5	M03	980	1200	1176000	7.9%	10.1%
6	M04	1160	900	1044000	9.4%	9.0%
7	M05	1880	790	1485200	15.2%	12.8%
8	M06	780	1670	1302600	6.3%	11.2%
9	M07	890	1890	1682100	7.2%	14.5%
10	M08	1220	1320	1610400	9.8%	13.9%
11	M09	580	1520	881600	4.7%	7.6%
12	M10	1160	1430	1658800	9.4%	14.3%
13	总计	12390		11610800		

图 5-21 日生产情况表设置完的效果图

操作要求

（1）将 A1:F1 单元格区域合并为一个单元格，内容水平居中。

（2）计算“产值（元）”列的内容（产值 = 日产量 × 单价），计算日产量的总和和产值的总和，将计算结果分别置于“总计”行的 B13 单元格和 D13 单元格。

（3）计算“产量所占比例”列和“产值所占比例”列的数值（百分比型，保留 1 位小数）。

（4）将工作表命名为“日生产情况表”，保存工作簿文件。

实训 2

打开“运动会成绩统计 .xlsx”工作簿，设置完的效果如图 5-22 所示。

	A	B	C	D	E	F
1	某运动会成绩统计表(单位:项)					
2	单位代号	第一名(8分/项	第二名(5分/项	第三名(3分/项	总积分	积分排名
3	A01	12	10	11	179	3
4	A02	11	14	9	185	2
5	A03	9	11	13	166	5
6	A04	7	4	8	100	8
7	A05	19	5	12	213	1
8	A06	9	16	6	170	4
9	A07	7	13	9	148	7
10	A08	8	9	14	151	6

图 5-22　运动会成绩统计表设置完的效果图

操作要求

（1）将“Sheet1”工作表的第 1 行的行高设为 23 磅，其他各行设为适合的行高，各列自动调整列宽。

（2）计算“总积分”列的内容（总积分 = 第一名项数 ×8 + 第二名项数 ×5 + 第三名项数 ×3）。

（3）按“总积分”列的降序次序计算“积分排名”列（利用 RANK 函数）。

（4）套用表格格式将 A2:F10 单元格区域设置为“紫色，表样式中等深浅 19”。

实训 3

打开“销售额统计表 .xlsx”工作簿，设置完的效果如图 5-23 所示。

	A	B	C	D	E
1	某产品近两年销量额统计表 (单位:元)				
2	月份	10年	11年	同比增长	备注
3	2月	8900	16700		
4	3月	10200	17800		
5	11月	15600	24200		
6	6月	33800	51600		
7	10月	16700	22300		
8	8月	21200	27600		
9	7月	23300	29800		
10	4月	23100	29000		
11	12月	19000	23500		
12	9月	16500	19900		
13	1月	18700	21500		
14	5月	34500	38400		

	A	B	C	D	E
1	某产品近两年销量额统计表 (单位:元)				
2	月份	10年	11年	同比增长	备注
3	2月	8900	16700	87.64%	A
4	3月	10200	17800	74.51%	A
5	11月	15600	24200	55.13%	A
6	6月	33800	51600	52.66%	A
7	10月	16700	22300	33.53%	B
8	8月	21200	27600	30.19%	B
9	7月	23300	29800	27.90%	B
10	4月	23100	29000	25.54%	B
11	12月	19000	23500	23.68%	B
12	9月	16500	19900	20.61%	B
13	1月	18700	21500	14.97%	B
14	5月	34500	38400	11.30%	B

图 5-23　销售额统计表设置完的效果图

操作要求

（1）将 A1:E1 单元格区域合并，内容水平居中，设置 A2:E14 单元格区域的内容水平居中。

（2）计算“同比增长”列 [同比增长 =(11 年销售额 -10 年销售额) /10 年销售额]，结果为百分比型，保留小数点后两位。

（3）如果“同比增长”列的数值大于 50%，在“备注”列内给出信息“A”，否则给出信息“B”（利用 IF 函数）。

（4）按“同比增长”降序排列。

实训 4

打开“销售表 .xlsx”工作簿，设置完的效果如图 5-24 所示。

1	某网店商品销售情况表						
2	商品编号	商品单价（元）	进货数量	库存数量	已销售出数量	销售额（元）	销售排名
3	G019	111.0	400	231	169	18759	10
4	G020	219.0	400	321	79	17301	12
5	G021	236.0	400	234	166	39176	8
6	G022	323.0	400	345	55	17765	11
7	G023	431.0	400	123	277	119387	3
8	G024	198.0	400	126	274	54252	6
9	G025	341.0	400	89	311	106051	4
10	G026	457.0	400	98	302	138014	1
11	G027	412.0	400	75	325	133900	2
12	G028	297.0	400	111	289	85833	5
13	G029	154.0	400	121	279	42966	7
14	G030	98.0	400	109	291	28518	9

图 5-24　销售表设置完的效果图

操作要求

（1）将 B3:B14 单元格区域内的数值保留 1 位小数。

（2）计算“已销售出数量”（已销售出数量 = 进货数量 - 库存数量）。

（3）计算“销售额（元）”。

（4）计算出“销售排名”（按“销售额（元）”降序排列）。

（5）将 A1:G1 单元格区域合并，内容居中，使用单元格样式“标题 2”修饰；将 A2:G14 单元格区域设置为单元格样式“输出”。

（6）利用条件格式将“销售排名”为前 5 名的数字字体颜色设置为红色。

实训 5

打开“学生成绩表 .xlsx”工作簿，数据源内容如图 5-25 左图所示，设置完的效果如图 5-25 右图所示。

	A	B	C	D	E	F	G
1	某学校学生成绩表						
2	学号	组别	数学	语文	英语	平均成绩	一组人数
3	A1	一组	112	98	106		
4	A2	一组	98	103	109		一组平均成绩
5	A3	一组	117	99	99		
6	A4	二组	115	112	108		
7	A5	一组	104	96	90		
8	A6	二组	101	110	105		
9	A7	一组	93	109	107		
10	A8	二组	95	102	106		
11	A9	一组	114	103	104		
12	A10	二组	89	106	116		

	A	B	C	D	E	F	G
1	某学校学生成绩表						
2	学号	组别	数学	语文	英语	平均成绩	一组人数
3	A1	一组	112	98	106	105.33	6
4	A2	一组	98	103	109	103.33	一组平均成绩
5	A3	一组	117	99	99	105.00	103.39
6	A4	二组	115	112	108	111.67	
7	A5	一组	104	96	90	96.67	
8	A6	二组	101	110	105	105.33	
9	A7	一组	93	109	107	103.00	
10	A8	二组	95	102	106	101.00	
11	A9	一组	114	103	104	107.00	
12	A10	二组	89	106	116	103.67	
13							
14							
15							
16							
17							

成绩统计表 / Sheet2 / Sheet3

图 5-25　学生成绩表和设置完的效果图

操作要求

（1）计算“平均成绩”列的数据（数值型，保留 2 位小数）。

（2）计算一组的学生人数（利用 COUNTIF 函数，将结果置于 G3 单元格内）。

（3）计算一组学生的平均成绩（利用 SUMIF 函数，将结果置于 G5 单元格内）。

（4）适当美化工作表，将工作表标签改为“成绩统计表”，保存文件。

实训 6

打开“中文系 A 班成绩表 .xlsx”工作簿，数据源内容如图 5-26 所示，设置完的效果如图 5-27 所示。

	A	B	C	D	E	F	G	H	I	J	K	L	M
1	中文系A班学生成绩表												
2	类别姓名	性别	古代汉语	外国文学	演讲与口才	平均成绩	总成绩	补考	备注	平均排名		平均成绩各分数段人数	
3	赵一鸣	男	92	95	90							90-100分:	
4	李四喜	男	61	58	54							80-89分:	
5	周五福	男	58	58	62							70-79分:	
6	吴大山	男	85	85	66							60-69分:	
7	王淼	男	86	72	68							60分以下:	
8	张焱	女	77	69	92							及格率:	
9	郑中川	男	84	55	70								
10	石磊	男	90	91	92								
11	金鑫	男	96	95	94								
12	王小溪	女	92	90	96								
13	各科最高分												
14	各科最低分												
15	各科参考人数												
16	各科及格人数												
17	男生各门课程平均值												
18	女生各门课程平均值												
19	求出三门课程成绩出现频率最多的数是												

图 5-26 中文系 A 班成绩表

	A	B	C	D	E	F	G	H	I	J	K	L	M
1	中文系A班学生成绩表												
2	类别 姓名	性别	古代汉语	外国文学	演讲与口才	平均成绩	总成绩	补考	备注	平均排名		平均成绩各分数段人数	
3	赵一鸣	男	92	95	90	92.3	277		优秀	3		90-100分:	4
4	李四喜	男	61	58	54	57.7	173	补考		10		80-89分:	0
5	周五福	男	58	58	62	59.3	178	补考		9		70-79分:	3
6	吴大山	男	85	85	66	78.7	236			6		60-69分:	1
7	王淼	男	86	72	68	75.3	226			7		60分以下:	2
8	张焱	女	77	69	92	79.3	238			5		及格率:	80.0%
9	郑中川	男	84	55	70	69.7	209	补考		8			
10	石磊	男	90	91	92	91.0	273		优秀	4			
11	金鑫	男	96	95	94	95.0	285		优秀	1			
12	王小溪	女	92	90	96	92.7	278		优秀	2			
13	各科最高分		96	95	96								
14	各科最低分		58	55	54								
15	各科参考人数		10	10	10								
16	各科及格人数		9	7	9								
17	男生各门课程平均值		81.5	76.1	74.5								
18	女生各门课程平均值		84.5	79.5	94.0								
19	求出三门课程成绩出现频率最多的数是									92			

图 5-27 中文系 A 班成绩表效果图

操作要求

（1）给 A2 单元格加斜线，并在斜线上、下分别输入“类别”“姓名”，其他格式（单元格合并、字体、边框、底纹等）参照效果图完成。

（2）分别求出各科的最高分、最低分、参考人数和及格人数。

（3）分别计算各门课程男生的平均成绩和女生的平均成绩。

（4）求出每名考生的平均成绩和总成绩。

（5）有 1 科成绩在 60 分以下的同学，在“补考”列注明“补考”二字。

（6）3 科成绩均在 90 分及以上的同学，在“备注”列注明“优秀”二字。

（7）按平均成绩从高到低进行排名，并将结果填入相应的单元格内（利用 RANK 函数）。

（8）按平均成绩统计各分数段的人数，并计算出及格率（百分比型，保留小数点后 1 位）。

（9）求出 3 门课程成绩中出现频率最高的分数。

（10）将工作表命名为“课程成绩表”。

模块三　数据的分析

案例示范 1　数据清单分析

打开“某公司人员情况 .xlsx”工作簿，如图 5-28 所示，设置完的效果如图 5-29 所示。

	A	B	C	D	E	F	G	H	I
1	序号	职工号	部门	组别	年龄	性别	学历	职称	基本工资
2	1	W001	工程部	E1	28	男	硕士	工程师	4000
3	2	W002	开发部	D1	26	女	硕士	工程师	3500
4	3	W003	培训部	T1	35	女	本科	高工	4500
5	4	W004	销售部	S1	32	男	硕士	工程师	3500
6	5	W005	培训部	T2	33	男	本科	工程师	3500
7	6	W006	工程部	E1	23	男	本科	助工	2500
8	7	W007	工程部	E2	26	男	本科	工程师	3500
9	8	W008	开发部	D2	31	男	博士	工程师	4500
10	9	W009	销售部	S2	37	女	本科	高工	5500
11	10	W010	开发部	D3	36	男	硕士	工程师	3500
12	11	W011	工程部	E3	41	男	本科	高工	5000
13	12	W012	工程部	E2	35	女	硕士	高工	5000
14	13	W013	工程部	E3	33	男	本科	工程师	3500
15	14	W014	销售部	S1	37	男	本科	工程师	3500
16	15	W015	开发部	D1	22	女	本科	助工	2500
17	16	W016	工程部	E2	37	男	硕士	高工	5000
18	17	W017	工程部	E1	29	男	本科	工程师	3500
19	18	W018	开发部	D2	28	女	博士	工程师	4000
20	19	W019	培训部	T1	42	女	本科	工程师	4000
21	20	W020	销售部	S1	37	男	本科	高工	5000

图 5-28　某公司人员情况

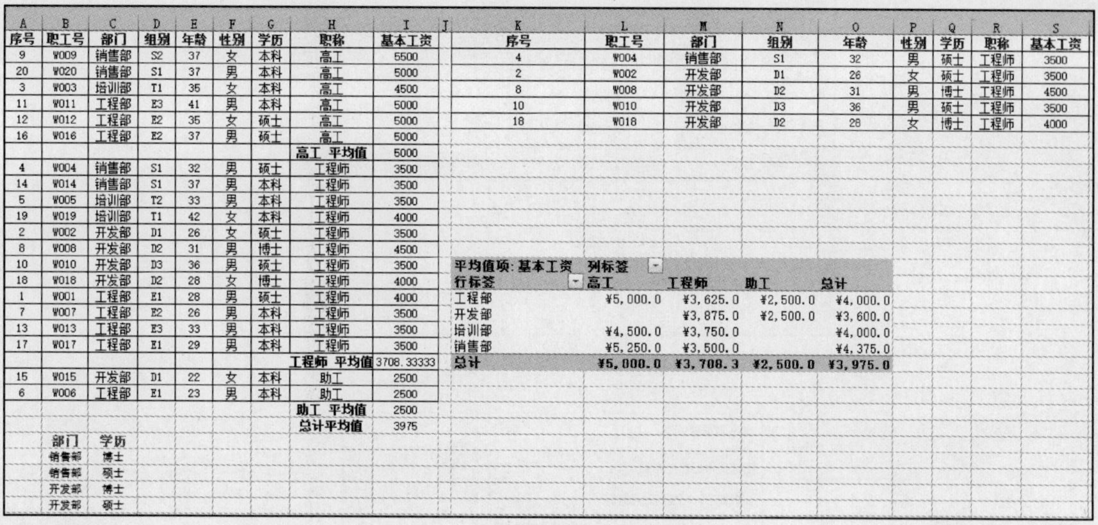

序号	职工号	部门	组别	年龄	性别	学历	职称	基本工资
9	W009	销售部	S2	37	女	本科	高工	5500
20	W020	销售部	S1	37	男	本科	高工	5000
3	W003	培训部	T1	35	女	本科	高工	4500
11	W011	工程部	E3	41	男	本科	高工	5000
12	W012	工程部	E2	35	女	硕士	高工	5000
16	W016	工程部	E2	37	男	硕士	高工	5000
							高工 平均值	5000
4	W004	销售部	S1	32	男	硕士	工程师	3500
14	W014	销售部	S1	37	男	本科	工程师	3500
5	W005	培训部	T2	33	男	本科	工程师	3500
19	W019	培训部	T1	42	女	本科	工程师	4000
2	W002	开发部	D1	26	女	硕士	工程师	3500
8	W008	开发部	D2	31	男	博士	工程师	4500
10	W010	开发部	D3	36	男	硕士	工程师	3500
18	W018	开发部	D2	28	女	博士	工程师	4000
1	W001	工程部	E1	28	男	硕士	工程师	4000
7	W007	工程部	E2	26	男	本科	工程师	3500
13	W013	工程部	E3	33	男	本科	工程师	3500
17	W017	工程部	E1	29	男	本科	工程师	3500
							工程师 平均值	3708.33333
15	W015	开发部	D1	22	女	本科	助工	2500
6	W006	工程部	E1	23	男	本科	助工	2500
							助工 平均值	2500
							总计平均值	3975

部门	学历
销售部	博士
销售部	硕士
开发部	博士
开发部	硕士

序号	职工号	部门	组别	年龄	性别	学历	职称	基本工资
4	W004	销售部	S1	32	男	硕士	工程师	3500
2	W002	开发部	D1	26	女	硕士	工程师	3500
8	W008	开发部	D2	31	男	博士	工程师	4500
10	W010	开发部	D3	36	男	硕士	工程师	3500
18	W018	开发部	D2	28	女	博士	工程师	4000

平均值项:基本工资	列标签			
行标签	高工	工程师	助工	总计
工程部	¥5,000.0	¥3,625.0	¥2,500.0	¥4,000.0
开发部		¥3,875.0	¥2,500.0	¥3,600.0
培训部	¥4,500.0	¥3,750.0		¥4,000.0
销售部	¥5,250.0	¥3,500.0		¥4,375.0
总计	¥5,000.0	¥3,708.3	¥2,500.0	¥3,975.0

图 5-29　某公司人员情况效果图

操作要求

（1）按效果图设置工作表格式。

（2）按主要关键字“职称”递增次序和次要关键字“部门”递减次序进行排序。

（3）在工作表的 K25:P30 单元格区域建立数据透视表，显示各部门各职称基本工资的平均值及汇总信息，设置数据透视表内的数字为货币型，保留小数点后 1 位。

（4）进行筛选，条件为“部门为销售部或开发部并且学历为硕士或博士”，将筛选出来的结果置于 K1 单元格的起始处。

（5）对排序后的数据清单内容进行分类汇总，计算各职称基本工资的平均值（分类字段为“职称”，汇总方式为“平均值”，汇总项为“基本工资”），将汇总结果显示在数据下方。

（6）将所建立的数据透视表移至 K15 单元格的起始处。

操作步骤

（1）按效果图设置工作表格式（略）。

（2）单击数据区域内的任意单元格，执行“数据”→“排序和筛选”→“排序”命令，弹出图 5-30 所示的对话框。在“主要关键字”下拉列表中选择“职称”，在“次序”下拉列表中选择“升序”，然后单击“添加条件”按钮；在“次要关键字”下拉列表中选择“部门”，在“次序”下拉列表中选择“降序”，单击“确定”按钮实现排序要求。

（3）单击数据区域内的任意单元格，执行“插入”→“表格”→“数据透视表”命令，在图 5-31 所示的“创建数据透视表”对话框中设置“表 / 区域”，并在“选择放置数据透视表的位置”区中选择“现有工作表”单选钮，填写“位置”信息，单击“确定”按钮。

（4）在图 5-32 所示的“数据透视表字段”界面中，选中“部门”，单击鼠标右键，在弹出的快捷菜单中选择“添加到行标签”命令，用同样的方法将“职称”添加到“列”标签，将“基本工资”添加到“值”标签。

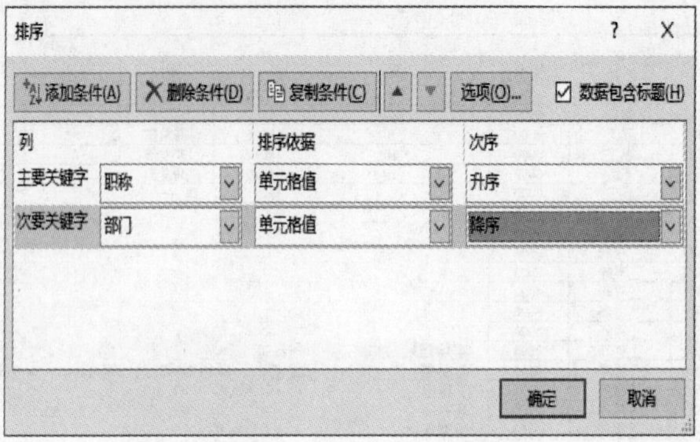

图 5-30 “排序”对话框

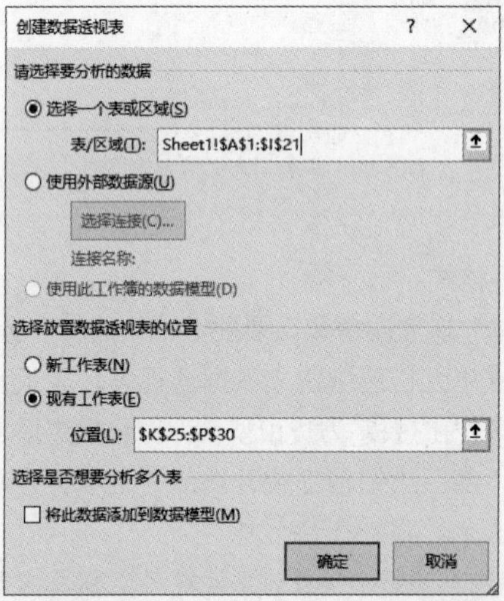

图 5-31 “创建数据透视表”对话框

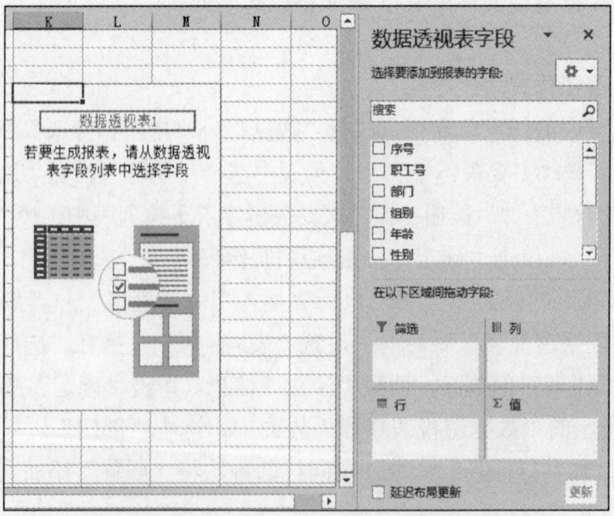

图 5-32 “数据透视表字段”界面

（5）单击“值”下方的“求和…”，选取“值字段设置”，如图 5-33 所示。

（6）在弹出的“值字段设置”对话框的“计算类型”列表框中选择“平均值”，如图 5-34 所示。单击“数字格式”按钮，在弹出的“设置单元格格式”对话框中选择“货币”型并设置“小数位数”为“1”。

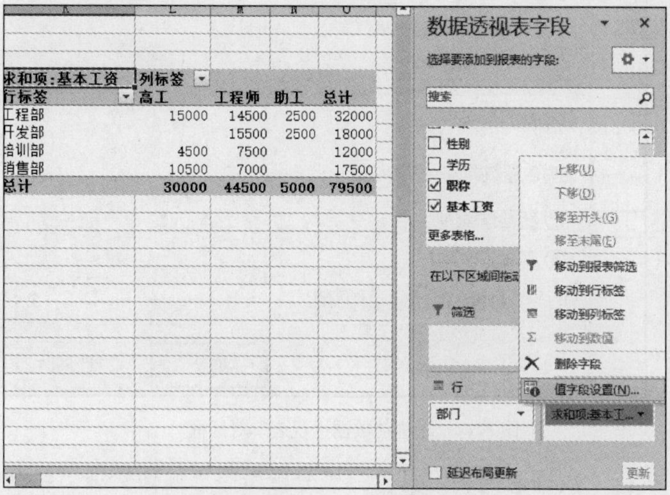

图 5-33 “值”字段设置

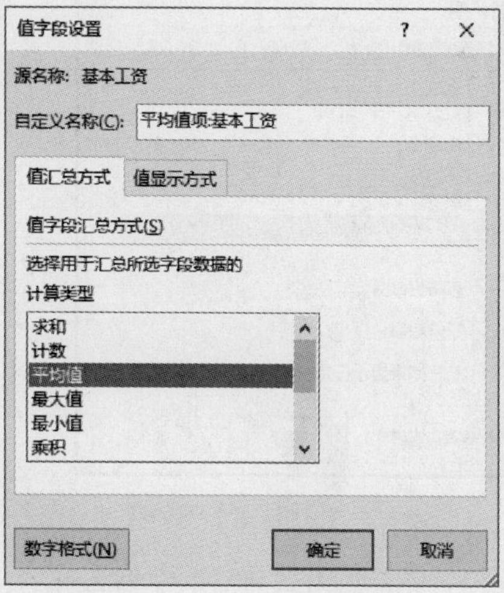

图 5-34 “值字段设置”对话框

（7）此题要求将筛选结果放于 K1 单元格的起始处，所以需要进行高级筛选：先在 B24:C28 单元格区域建立高级筛选的条件区，如图 5-35 所示，然后执行“数据”→“排序和筛选”→“高级筛选”命令，弹出“高级筛选”对话框，按图 5-36 所示设置相应参数，单击“确定”按钮。

23			
24		部门	学历
25		销售部	硕士
26		销售部	博士
27		开发部	硕士
28		开发部	博士

图 5-35 条件区

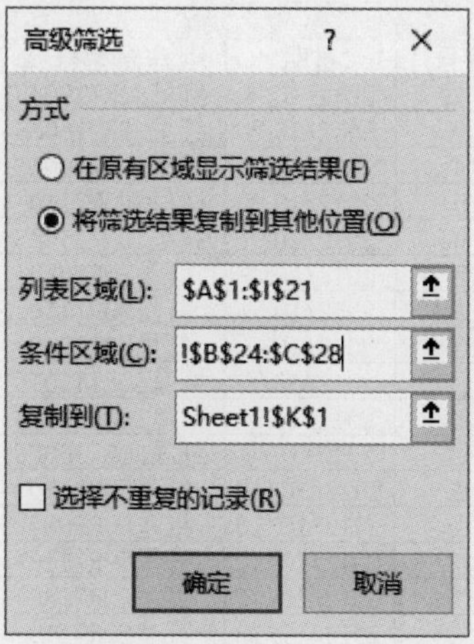

图 5-36 “高级筛选”对话框

（8）由于前面已对“职称”列进行排序，所以可直接进行分类汇总，单击数据区域内的任意单元格，执行“数据”→“分级显示”→“分类汇总”命令，弹出“分类汇总”对话框，如图 5-37 所示，按图进行相应设置，单击“确定”按钮。

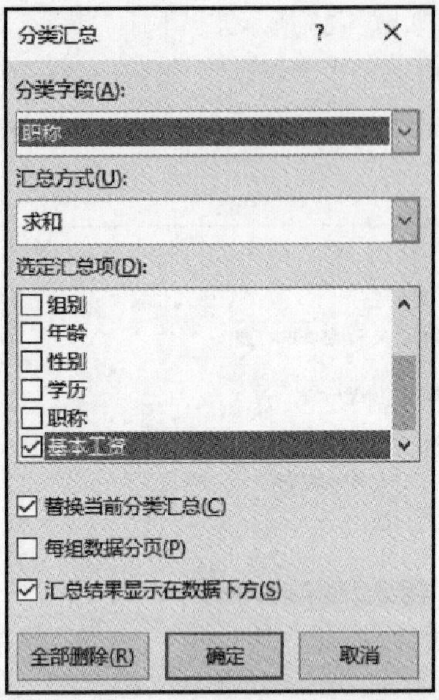

图 5-37 “分类汇总”对话框

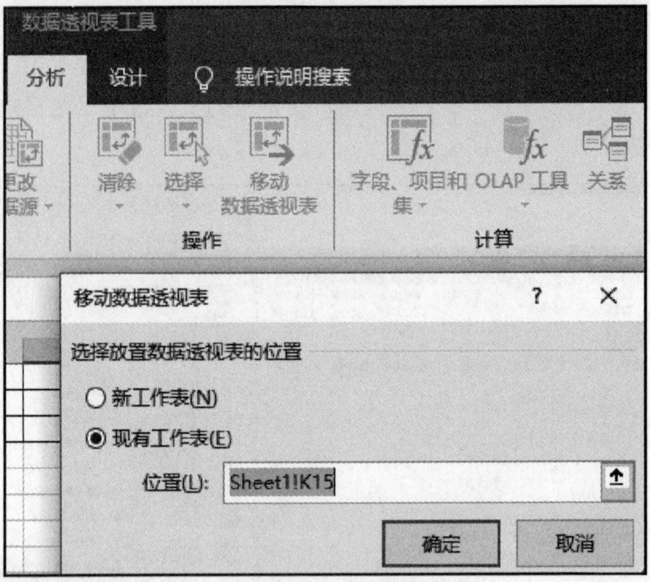

图 5-38 “移动数据透视表”对话框

（9）单击已建立的数据透视表，执行“数据透视表工具”→“分析”→“操作”→“移动数据透视表”命令，弹出“移动数据透视表”对话框，如图 5-38 所示，选中现有工作表中的 K15 单元格，单元“确定”按钮。

案例示范 2 数据表分析

打开“红星销售表 .xlsx”工作簿，数据源内容如图 5-39 所示，设置完的效果如图 5-40 所示。

	A	B	C	D	E	F	G
1	序号	日期	车辆型号	销售员	市场价格/万	销售台次	销售金额/万
2	1	2012/10/4	红星SQR7160ES	王红梅	¥7.8	1	7.8
3	3	2012/10/4	红星SQR7160ES	罗小敏	¥7.8	2	15.6
4	4	2012/10/4	红星SQR7160ES	赵亮	¥7.8	1	7.8
5	5	2012/10/5	红星SQR7110	赵亮	¥5.8	1	5.8
6	6	2012/10/5	红星SQR7160ES	王红梅	¥7.8	2	15.6
7	8	2012/10/6	红星SQR7080	赵亮	¥3.8	2	7.6
8	9	2012/10/6	红星SQR7110	罗小敏	¥5.8	1	5.8
9	10	2012/10/7	红星SQR7080	赵亮	¥3.8	1	3.8
10	11	2012/10/8	红星SQR7160ES	王红梅	¥7.8	1	7.8
11	12	2012/10/8	红星SQR7160ES	罗小敏	¥19.8	2	39.6
12	14	2012/10/9	红星SQR7160ES	罗小敏	¥5.8	1	5.8
13	15	2012/10/10	红星SQR7110	赵亮	¥5.8	1	5.8
14	16	2012/10/10	红星SQR7080	王红梅	¥3.8	1	3.8
15	18	2012/10/12	红星SQR7110	赵亮	¥5.8	1	5.8
16	19	2012/10/12	红星SQR7080	赵亮	¥3.8	1	3.8
17	20	2012/10/13	红星SQR7110	王红梅	¥5.8	1	5.8
18	23	2012/10/14	红星SQR7110	罗小敏	¥5.8	3	17.4
19	24	2012/10/15	红星SQR7080	罗小敏	¥3.8	2	7.6

图 5-39 红星销售表

操作要求

（1）按效果图修改工作表格式。

（2）以“Sheet2”工作表的 A1 单元格为起始处，建立数据透视表，进行数据分析，展示公司该月的销售情况。

（3）利用“高级筛选”功能选出“车辆型号”为“红星 SQR7160ES”或“销售员”为“王红梅”的销售情况，将结果存放在 A28 单元格的起始处。

（4）按照车辆型号求和汇总销售金额，在统计出同一种型号车辆的销售总金额的基础上，统计出每个销售员的销售总台次。

	A	B	C	D	E	F	G	H	I	J
1	序号	日期	车辆型号	销售员	市场价格/万	销售台次	销售金额/万			
2	24	2012/10/15	红星SQR7080	罗小敏	¥3.8	2	7.6			
3				罗小敏 汇总		2				
4	16	2012/10/10	红星SQR7080	王红梅	¥3.8	1	3.8			
5				王红梅 汇总		1				
6	8	2012/10/6	红星SQR7080	赵亮	¥3.8	2	7.6			
7	10	2012/10/7	红星SQR7080	赵亮	¥3.8	1	3.8			
8	19	2012/10/12	红星SQR7080	赵亮	¥3.8	1	3.8			
9				赵亮 汇总		4				
10			红星SQR7080 汇总				26.6			
11	9	2012/10/6	红星SQR7110	罗小敏	¥5.8	1	5.8			
12	23	2012/10/14	红星SQR7110	罗小敏	¥5.8	3	17.4			
13				罗小敏 汇总		4				
14	20	2012/10/13	红星SQR7110	王红梅	¥5.8	1	5.8			
15				王红梅 汇总		1				
16	5	2012/10/5	红星SQR7110	赵亮	¥5.8	1	5.8			
17	15	2012/10/10	红星SQR7110	赵亮	¥5.8	1	5.8			
18	18	2012/10/12	红星SQR7110	赵亮	¥5.8	1	5.8			
19				赵亮 汇总		3				
20			红星SQR7110 汇总				46.4			
21	3	2012/10/4	红星SQR7160ES	罗小敏	¥7.8	2	15.6			
22	12	2012/10/8	红星SQR7160ES	罗小敏	¥19.8	2	39.6			
23	14	2012/10/9	红星SQR7160ES	罗小敏	¥5.8	1	5.8			
24				罗小敏 汇总		5				
25	1	2012/10/4	红星SQR7160ES	王红梅	¥7.8	1	7.8			
26	6	2012/10/5	红星SQR7160ES	王红梅	¥7.8	2	15.6			
27	11	2012/10/8	红星SQR7160ES	王红梅	¥7.8	1	7.8			
28				王红梅 汇总		4				
29	4	2012/10/4	红星SQR7160ES	赵亮	¥7.8	1	7.8			
30				赵亮 汇总		1				
31			红星SQR7160ES 汇总				100.0			
32				总计		25				
33			总计				173.0			
34										
35	序号	日期	车辆型号	销售员	市场价格/万	销售台次	销售金额/万		车辆型号	销售员
36	1	2012/10/4	红星SQR7160ES	王红梅	¥7.8	1	7.8		红星SQR7160ES	王红梅
37	6	2012/10/5	红星SQR7160ES	王红梅	¥7.8	2	15.6			
38	11	2012/10/8	红星SQR7160ES	王红梅	¥7.8	1	7.8			

图 5-40　红星销售表效果图

操作步骤

（1）工作表的格式设置略。

（2）执行“插入”→“数据透视表”→“数据透视表”命令，在弹出的“创建数据透视表”对话框中设置“表 / 区域”为“A1:G26”，并在“选择放置数据透视表的位置”区中选择“现有工作表”单选钮，在“位置”文本框中输入“Sheet2!$A$1”，单击“确定”按钮。然后在“数据透视表字段”界面中将“车辆型号”和“销售员”字段放入“行”标签内，将“销售台次”和“销售金额”字段添加到“值”标签中并设置计算类型为“求和”即可。

（3）在 I28 单元格中输入“车辆型号”，在 I29 单元格中输入“红星 SQR7160ES”，在 J28 单元格中输入“销售员”，在 J30 单元格中输入“王红梅”。

（4）执行“数据”→“排序和筛选”→“高级”命令，在弹出的“高级筛选”对话框中选择“将筛选结果复制到其他位置”单选钮，“列表区域”为“A1:G26”，“条件区域”为“I28:J30”，复制到 A28 单元格。

（5）单击数据区域内的任意单元格，执行“数据”→“排序和筛选”→“排序”命令，弹出“排序”对话框，“主要关键字”选择“车辆型号”，再添加条件，“次要关键字”选择“销售员”。

（6）单击数据区域内的任意单元格，执行“数据”→“分级显示”→“分类汇总”命令，在弹出的“分类汇总”对话框中设置“分类字段”为“车辆型号”，“汇总方式”为“求和”，“选定汇总项”为“销售金额”，单击”确定”按钮。

（7）再次打开“分类汇总”对话框，设置“分类字段”为“销售员”，“汇总方式”为“求和”，“选定汇总项”为“销售台次”，取消选中“替换当前分类汇总”复选框，单击“确定”按钮。

实训集

实训 1

打开“产品销售表 .xlsx”工作簿，数据源内容如图 5-41 所示，设置完的效果如图 5-42 所示。（图中仅有产品销售情况表中的内容。）

	A	B	C	D	E	F	G
1	季度	分公司	产品类别	产品名称	销售数量	销售额（万元）	销售额排名
2	1	西部2	K-1	空调	89	12.28	26
3	1	南部3	D-2	电冰箱	89	20.83	9
4	1	北部2	K-1	空调	89	12.28	26
5	1	东部3	D-2	电冰箱	86	20.12	10
6	1	北部1	D-1	电视	86	38.36	1
7	3	南部2	K-1	空调	86	30.44	4
8	3	西部2	K-1	空调	84	11.59	28
9	2	东部2	K-1	空调	79	27.97	6
10	3	西部1	D-1	电视	78	34.79	2
11	3	南部3	D-2	电冰箱	75	17.55	18
12	2	北部1	D-1	电视	73	32.56	3
13	2	西部3	D-2	电冰箱	69	22.15	8
14	1	东部1	D-1	电视	67	18.43	14
15	3	东部1	D-1	电视	66	18.15	16
16	2	东部3	D-2	电冰箱	65	15.21	23
17	1	南部1	D-1	电视	64	17.60	17
18	3	北部1	D-1	电视	64	28.54	5
19	2	南部2	K-1	空调	63	22.30	7
20	1	西部3	D-2	电冰箱	58	18.62	13
21	3	西部3	D-2	电冰箱	57	18.30	15
22	2	东部1	D-1	电视	56	15.40	22
23	2	西部2	K-1	空调	56	7.73	33
24	1	南部2	K-1	空调	54	19.12	11
25	3	北部3	D-2	电冰箱	54	17.33	19
26	3	北部2	K-1	空调	53	7.31	35
27	2	北部3	D-2	电冰箱	48	15.41	21
28	3	南部1	D-1	电视	46	12.65	25
29	2	南部3	D-2	电冰箱	45	10.53	29
30	3	东部2	K-1	空调	45	15.93	20
31	1	北部3	D-2	电冰箱	43	13.80	24
32	2	西部1	D-1	电视	42	18.73	12
33	3	东部3	D-2	电冰箱	39	9.13	31
34	2	北部2	K-1	空调	37	5.11	36
35	2	南部1	D-1	电视	27	7.43	34
36	1	东部2	K-1	空调	24	8.50	32
37	1	西部1	D-1	电视	21	9.37	30

图 5-41　产品销售表

	A	B	C	D	E	F	G
1	季度	分公司	产品类别	产品名称	销售数量	销售额（万元）	销售额排名
2	1	西部3	D-2	电冰箱	58	18.62	24
3	2	西部3	D-2	电冰箱	69	22.15	19
4	3	西部3	D-2	电冰箱	57	18.30	26
5		西部3 汇总				59.06	
6	1	西部2	K-1	空调	89	12.28	37
7	2	西部2	K-1	空调	56	7.73	44
8	3	西部2	K-1	空调	84	11.59	39
9		西部2 汇总				31.60	
10	1	西部1	D-1	电视	21	9.37	41
11	2	西部1	D-1	电视	42	18.73	23
12	3	西部1	D-1	电视	78	34.79	11
13		西部1 汇总				62.89	
14	1	南部3	D-2	电冰箱	89	20.83	20
15	2	南部3	D-2	电冰箱	45	10.53	40
16	3	南部3	D-2	电冰箱	75	17.55	29
17		南部3 汇总				48.91	
18	1	南部2	K-1	空调	54	19.12	22
19	2	南部2	K-1	空调	63	22.30	18
20	3	南部2	K-1	空调	86	30.44	14
21		南部2 汇总				71.86	
22	1	南部1	D-1	电视	64	17.60	28
23	2	南部1	D-1	电视	27	7.43	45
24	3	南部1	D-1	电视	46	12.65	36
25		南部1 汇总				37.68	
26	1	东部3	D-2	电冰箱	86	20.12	21
27	2	东部3	D-2	电冰箱	65	15.21	34
28	3	东部3	D-2	电冰箱	39	9.13	42
29		东部3 汇总				44.46	
30	1	东部2	K-1	空调	24	8.50	43
31	2	东部2	K-1	空调	79	27.97	16
32	3	东部2	K-1	空调	45	15.93	31
33		东部2 汇总				52.39	
34	1	东部1	D-1	电视	67	18.43	25
35	2	东部1	D-1	电视	56	15.40	33
36	3	东部1	D-1	电视	66	18.15	27
37		东部1 汇总				51.98	
38	1	北部3	D-2	电冰箱	43	13.80	35
39	2	北部3	D-2	电冰箱	48	15.41	32
40	3	北部3	D-2	电冰箱	54	17.33	30
41		北部3 汇总				46.55	
42	1	北部2	K-1	空调	89	12.28	37
43	2	北部2	K-1	空调	37	5.11	47
44	3	北部2	K-1	空调	53	7.31	46
45		北部2 汇总				24.70	
46	1	北部1	D-1	电视	86	38.36	9
47	2	北部1	D-1	电视	73	32.56	12
48	3	北部1	D-1	电视	64	28.54	15
49		北部1 汇总				99.46	
50		总计				631.53	
51							

产品销售情况表　产品销售分析表　数据透视表

图 5-42　产品销售表效果图

操作要求

（1）将“产品销售情况表”工作表的内容复制到“Sheet2”工作表。

（2）将“产品销售情况表”工作表的内容按主要关键字“分公司”降序和次要关键字“季度”升序进行排序。

（3）在“Sheet2”工作表中进行高级筛选（在数据清单前插入 4 行，条件“区域”设在 A1:G3 单元格区域，在对应字段列内输入条件，条件是“产品名称为'空调'或'电视'且销售额排名在前 20 名”），然后将“Sheet2”工作表重命名为“产品销售分析表”。

（4）为“产品销售情况表”工作表的内容建立数据透视表，“行”标签为“产品名称”，“列”标签为“分公司”，“求和项”为“销售额（万元）”，并将结果置于“Sheet3”工作表的 A1 单元格处，然后将“Sheet3”工作表重命名为“数据透视表”。

（5）在“产品销售情况表”工作表内完成对各分公司销售额总和的分类汇总，将汇总结果显示在数据下方，工作表名不变，保存工作簿文件。

实训 2

打开“产品销售记录.xlsx”工作簿，数据源内容如图 5-43 所示，设置完的效果如图 5-44 所示。

	A	B	C	D
1	日期	顾客	产品	金额
2	2008/1/1	刘振辉	按摩器	¥500.00
3	2008/1/3	黄碧秀	手动钻	¥536.00
4	2008/1/3	王脚英	工具包	¥702.00
5	2008/3/5	曾根祥	办公品	¥235.00
6	2008/3/6	王大	多用刀	¥698.00
7	2008/3/7	宋毅策	多用刀	¥658.00
8	2008/2/10	刘振辉	按摩器	¥123.00
9	2008/2/11	黄碧秀	手动钻	¥546.00
10	2008/2/12	王脚英	工具包	¥235.00
11	2008/2/13	曾根祥	办公品	¥698.00
12	2008/3/14	王大	多用刀	¥987.00
13	2008/1/17	宋毅策	手动钻	¥847.00
14	2008/4/18	刘振辉	手动钻	¥568.00
15	2008/4/18	黄碧秀	手动钻	¥235.00
16	2008/4/20	王脚英	按摩器	¥254.00
17	2008/4/21	曾根祥	按摩器	¥986.00
18	2008/5/24	王大	按摩器	¥368.00
19	2008/5/25	宋毅策	按摩器	¥689.00
20	2008/5/26	刘振辉	按摩器	¥568.00
21	2008/5/27	黄碧秀	手动钻	¥987.00
22	2008/2/28	王脚英	办公品	¥124.00
23	2008/3/31	曾根祥	按摩器	¥256.00
24	2008/6/1	王五	办公品	¥302.00
25	2008/4/30	宋毅策	办公品	¥105.00

图 5-43　产品销售记录

日期	顾客	产品	金额
2008/1/1	刘振辉	按摩器	¥500.00
2008/1/3	王脚英	工具包	¥702.00
2008/1/3	黄碧秀	手动钻	¥536.00
2008/1/17	宋毅策	手动钻	¥847.00
2008/2/10	刘振辉	按摩器	¥123.00
2008/2/11	黄碧秀	手动钻	¥546.00
2008/2/12	王脚英	工具包	¥235.00
2008/2/13	曾根祥	办公品	¥698.00
2008/2/28	王脚英	办公品	¥124.00
2008/3/5	曾根祥	办公品	¥235.00
2008/3/6	王大	多用刀	¥698.00
2008/3/7	宋毅策	多用刀	¥658.00
2008/3/14	王大	多用刀	¥987.00
2008/3/31	曾根祥	按摩器	¥256.00
2008/4/18	刘振辉	手动钻	¥568.00
2008/4/18	黄碧秀	手动钻	¥235.00
2008/4/20	王脚英	按摩器	¥254.00
2008/4/21	曾根祥	按摩器	¥986.00
2008/4/30	宋毅策	办公品	¥105.00
2008/5/24	王大	按摩器	¥368.00
2008/5/25	宋毅策	按摩器	¥689.00
2008/5/26	刘振辉	按摩器	¥568.00
2008/5/27	黄碧秀	手动钻	¥987.00
2008/6/1	王五	办公品	¥302.00

日期	顾客	产品	金额
2008/1/1	刘振辉	按摩器	¥500.00
2008/1/3	黄碧秀	手动钻	¥536.00
2008/2/11	黄碧秀	手动钻	¥546.00

日期	顾客	产品	金额
	刘振辉		>=500
	黄碧秀		>=500

日期	顾客	产品	金额
2008/1/1	刘振辉	按摩器	¥500.00
2008/1/3	黄碧秀	手动钻	¥536.00
2008/2/11	黄碧秀	手动钻	¥546.00
2008/4/18	刘振辉	手动钻	¥568.00
2008/5/26	刘振辉	按摩器	¥568.00
2008/5/27	黄碧秀	手动钻	¥987.00

将这些筛选结果复制到Sheet2中

日期	日期	顾客	产品	金额
>=2008-1-1	<=2008-3-15	刘振辉	按摩器	>=500
>=2008-1-1	<=2008-3-15	黄碧秀	手动钻	>=500

Sheet1　Sheet2　Sheet3

图 5-44　产品销售记录效果图

操作要求

（1）将“Sheet1”工作表的内容复制一份到“Sheet3”工作表中。

（2）在“Sheet1”工作表中将产品销售数据按“日期”升序排列，若日期相同则按“金额”降序排列。

（3）在“Sheet1”工作表中筛选出“顾客”为“刘振辉”或“黄碧秀”且“金额”大于或等于 500 的数据，并将筛选结果（包括标题行）置于“Sheet2”工作表中。

（4）在“Sheet1”工作表中筛选出“日期”在 2008/1/1—2008/3/15 内“刘振辉”购买的“金额”大于或等于 500 的“按摩器”，或“日期”在 2008/1/1—2008/3/15 内“黄碧秀”购买的“金额”大于或等于 500 的“手动钻”，在表格下方的空白区域显示筛选结果。

（5）在“Sheet3”工作表中分类统计每位顾客的金额总值和平均值。

实训 3

打开“E2.xlsx”工作簿，数据源内容如图 5-45 所示。

	A	B	C	D	E	F
1	恒大中学高二考试成绩表					
2	姓名	班级	语文	数学	英语	政治
3	李平	高二（一）班	72	75	69	80
4	麦孜	高二（二）班	85	88	73	83
5	张江	高二（一）班	97	83	89	88
6	王硕	高二（三）班	76	88	84	82
7	刘梅	高二（三）班	72	75	69	63
8	江海	高二（一）班	92	86	74	84
9	李朝	高二（三）班	76	85	84	83
10	许如润	高二（一）班	87	83	90	88
11	张玲铃	高二（三）班	89	67	92	87
12	赵丽娟	高二（二）班	76	67	78	97
13	高峰	高二（二）班	92	87	74	84
14	刘小丽	高二（三）班	76	67	90	95

图 5-45　原始数据源

操作要求

利用多种方法实现以班级为“分类字段”，求出各科成绩的“平均值”。

提示：具体有“分类汇总”“合并计算法”“数据透视表”、AVERAGEIF 函数和 SUMIF 函数配合 COUNTIF 函数 5 种方法。

模块四　数据的图表分析

案例示范 1　图表的建立

打开“成绩表 .xlsx”工作簿，数据源内容如图 5-46 左图所示，设置完的效果如图 5-46 右图所示。

A	B	C	D	E
考试成绩表				
学号	数学	英语	语文	平均成绩
T3	98	78	71	
T6	56	74	70	
T5	67	94	69	
T1	70	66	68	
T7	68	61	67	
T8	90	79	66	
T2	96	77	65	
T9	78	75	64	
T4	62	73	63	
T10	63	72	90	

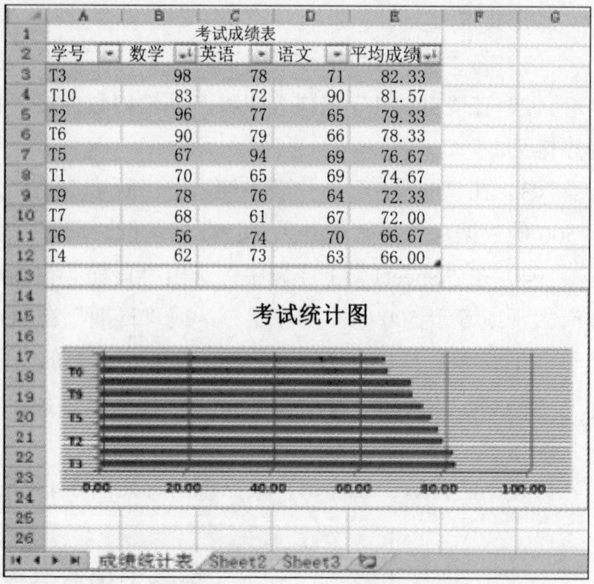

图 5-46　成绩表和设置完的效果图

操作要求

（1）合并 A1:E1 单元格区域，内容水平居中，计算“平均成绩”列的数值（保留小数点后 2 位）；利用条件格式，将“平均成绩”列小于或等于 75 分的数据字体颜色设置为红色；为 A2:E12 单元格区域套用表格格式“淡紫，表样式浅色 5”；对数据清单的内容按主要关键字“平均成绩”递减次序和次要关键字“数学”递减次序进行排序；将工作表重命名为“成绩统计表”。

（2）以“成绩统计表”工作表的“学号”列（A2:A12 单元格区域）和“平均成绩”列（E2:E12 单元格区域）的数据为内容建立簇状条形图，图标题为“成绩统计图”，清除图例；设置图表绘图区域的填充为图案中的“浅色横线”，将图插入工作表的 A14:G24 单元格区域。

操作步骤

操作要求（1）的操作方法略，可参见前面相关示例。

（1）选中 A2:A12 单元格区域，在按住【Ctrl】键不放的同时选中 E2:E12 单元格区域。

（2）执行“插入”→“图表”→“条形图”→“簇状条形图”命令。

（3）将条形图的标题改为“成绩统计图”。如果没有标题文本框，执行“图表工具”→“设计”→“添加图表元素”→“图表标题”→“图表上方”命令或执行“图表工具”→“设计”→“快速布局”命令，选择有图表标题的布局结构。

（4）执行“图表工具”→“设计”→“添加图表元素”→“图例”→“无”命令或执行“图表工具”→“设计”→“快速布局”命令，选择没有图例的布局结构。

（5）选中“绘图区”单击鼠标右键，在弹出的快捷菜单中选择“设置绘图区格式”命令，或执行“图表工具”→“格式”→“图表元素”→“绘图区”命令，然后单击“设置所选内容格式”按钮。

（6）在弹出的“设置绘图区格式”对话框中依次选择“填充”→“图案填充”→“浅色横线”。

（7）将条形图移到 A14:G24 单元格区域（调整图表区四周的编辑柄可改变条形图的大小）。

案例示范 2　数据的分析

打开“工资表 .xlsx”工作簿，数据源内容如图 5-47 所示，设置完的效果如图 5-48 所示。

	A	B	C	D	E	F	G	H	I	J	K	L	M
1	员工编号	部门	姓名	性别	年龄	籍贯	工龄	基本工资	职务津贴	其他津贴	捐款金额	实发工资	捐款百分比
2	001	开发部	李云清	女	30	陕西	4	2000	180	300			
3	002	测试部	谢天明	男	34	江西	8	2500	310	400			
4	003	市场部	史杭美	女	27	山东	5	1800	240	200			
5	004	文档部	罗瑞维	女	36	广东	12	3200	156	350			
6	005	测试部	秦基业	男	29	上海	6	2100	208	250			
7	006	测试部	刘予予	女	40	四川	15	4000	310	260			
8	007	文档部	苏丽丽	女	43	山东	18	4200	240	400			
9	008	开发部	蒋维模	男	43	山西	17	3900	310	360			
10	009	开发部	王一平	女	50	陕西	22	4500	335	320			
11	010	开发部	王大宗	男	31	山东	8	2600	208	200			
12	011	开发部	毕大明	男	27	湖南	4	2200	156	180			
13													
14			男性人数:				人均基本工资:						
15			女性人数:				最高基本工资:						
16							最低基本工资:						

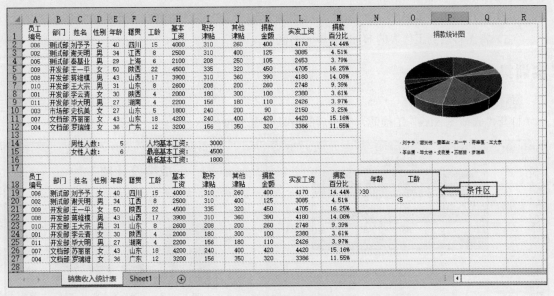

图 5-47　工资表清单

	A	B	C	D	E	F	G	H	I	J	K	L	M	N	O
1	员工编号	部门	姓名	性别	年龄	籍贯	工龄	基本工资	职务津贴	其他津贴	捐款金额	实发工资	捐款百分比		
2	006	测试部	刘予予	女	40	四川	15	4000	310	260	400	4170	14.44%		
3	002	测试部	谢天明	男	34	江西	8	2500	310	400	125	3085	4.51%		
4	005	测试部	秦基业	男	29	上海	6	2100	208	250	105	2453	3.79%		
5	009	开发部	王一平	女	50	陕西	22	4500	335	320	450	4705	16.25%		
6	008	开发部	蒋维模	男	43	山西	17	3900	310	360	390	4180	14.08%		
7	010	开发部	王大宗	男	31	山东	8	2600	208	200	260	2748	9.39%		
8	001	开发部	李云清	女	30	陕西	4	2000	180	300	100	2380	3.61%		
9	011	开发部	毕大明	男	27	湖南	4	2200	156	180	110	2426	3.97%		
10	003	市场部	史杭美	女	27	山东	5	1800	240	200	90	2150	3.25%		
11	007	文档部	苏丽丽	女	43	山东	18	4200	240	400	420	4420	15.16%		
12	004	文档部	罗瑞维	女	36	广东	12	3200	156	350	320	3386	11.55%		
13															
14			男性人数:		5		人均基本工资:		3000						
15			女性人数:		6		最高基本工资:		4500						
16							最低基本工资:		1800						
17															
18	员工编号	部门	姓名	性别	年龄	籍贯	工龄	基本工资	职务津贴	其他津贴	捐款金额	实发工资	捐款百分比	年龄	工龄
19	006	测试部	刘予予	女	40	四川	15	4000	310	260	400	4170	14.44%	>30	
20	002	测试部	谢天明	男	34	江西	8	2500	310	400	125	3085	4.51%		<5
21	009	开发部	王一平	女	50	陕西	22	4500	335	320	450	4705	16.25%		
22	008	开发部	蒋维模	男	43	山西	17	3900	310	360	390	4180	14.08%		
23	010	开发部	王大宗	男	31	山东	8	2600	208	200	260	2748	9.39%		
24	001	开发部	李云清	女	30	陕西	4	2000	180	300	100	2380	3.61%		
25	011	开发部	毕大明	男	27	湖南	4	2200	156	180	110	2426	3.97%		
26	007	文档部	苏丽丽	女	43	山东	18	4200	240	400	420	4420	15.16%		
27	004	文档部	罗瑞维	女	36	广东	12	3200	156	350	320	3386	11.55%		

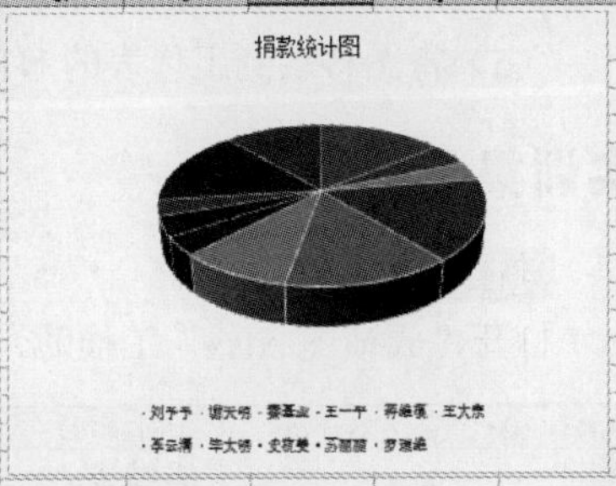

条件区

销售收入统计表　Sheet1

图 5-48　工资表效果图

操作要求

（1）计算。

① 计算捐款金额。基本工资大于 2 500 元的捐款金额为基本工资的 10%，小于等于 2 500 元的捐款金额为基本工资的 5%。

② 计算实发工资（实发工资 = 基本工资 + 职务津贴 + 其他津贴 − 捐款金额）。

③ 计算捐款百分比。

④ 分别统计男性人数和女性人数。

⑤ 统计人均基本工资、最高基本工资、最低基本工资。

（2）按“部门”升序排列，若“部门”相同再按“年龄”降序排列，若“部门”和“年龄”均相同就按“实发工资”升序排列。

（3）选出“年龄”大于 30 和“工龄”小于 5 年的记录，将其放在 A18 单元格的起始处。

（4）选中“姓名”列和“捐款百分比”列的内容建立“三维饼图”，图标题为“捐款统计图”，将图例置于图的底部；将图插入工作表的 N1:R16 单元格区域内，将工作表命名为“销售收入统计表”。

（5）利用工作表中的数据，以“部门”为分页，以“性别”为行字段，以“实发工资”和各种津贴为平均值项，从“Sheet1”工作表的 A1 单元格起，建立数据透视表。

操作步骤

下面只对操作要求（4）详解，其余略。

（1）选中 C2:C12 单元格区域，在按住【Ctrl】键不放的同时选中 M2:M12 单元格区域。

（2）执行“插入”→“图表”→“饼图”→“三维饼图”命令。

（3）执行“图表工具”→“设计”→“添加图表元素”→“图表标题”→“图表上方”命令，并将图标题改为“捐款统计图”。

（4）执行“图表工具”→“设计”→“添加图表元素”→“图例”→“底部”命令。

（5）将图移动到工作表的 N1:R16 单元格区域。

实训集

实训 1

打开“成绩图 .xlsx”工作簿，完成后的效果如图 5-49 所示。

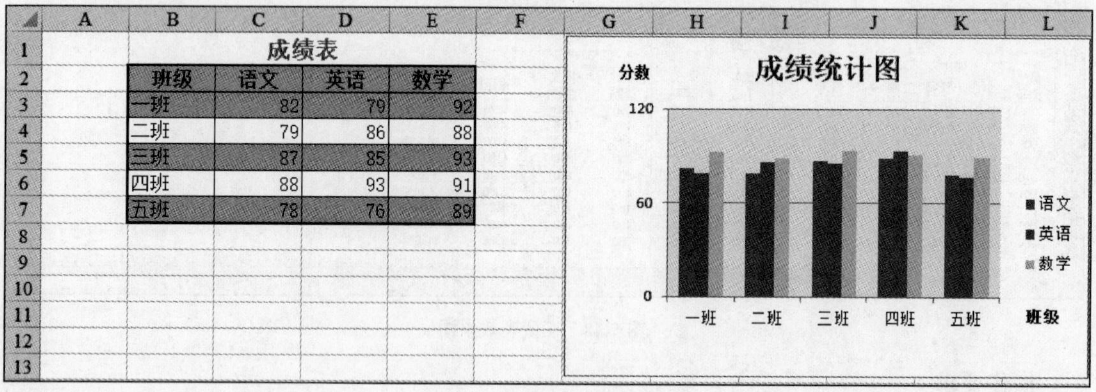

图 5-49　成绩表和成绩统计图

操作要求

（1）利用工作表中的数据生成一个簇状柱形图，系列产生在列，图标题为“成绩统计图”，横坐标（分类轴）的标题为“班级”，放在最右端，纵坐标（数值轴）的标题为“分数”，放在最上端且按水平方向排字。

（2）设置图表的图表区格式为“白色，背景 1，深色 5%”，绘图区域为浅黄色，数学系列的颜色为“金色”，图例位置靠右。

（3）垂直（值）轴的最大刻度为 120，主要刻度单位为 60。

（4）将图插入工作表的 G1:L13 单元格区域，将工作表重命名为“成绩统计表”，保存文件。

实训 2

打开“Excel.xlsx”工作簿，设置完的效果如图 5-50 所示。

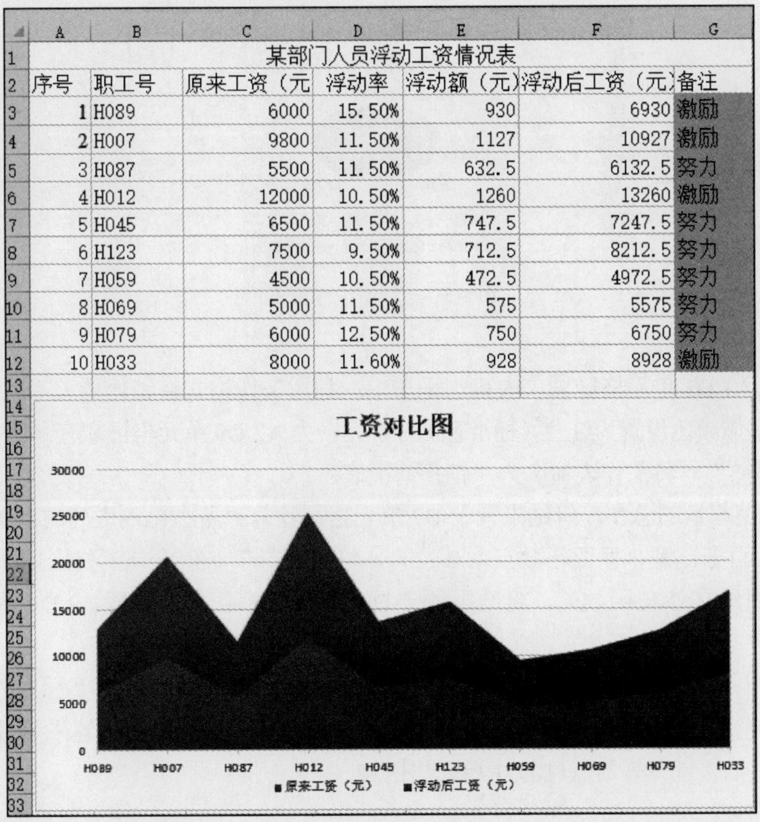

	A	B	C	D	E	F	G
1	某部门人员浮动工资情况表						
2	序号	职工号	原来工资（元	浮动率	浮动额（元）	浮动后工资（元）	备注
3	1	H089	6000	15.50%	930	6930	激励
4	2	H007	9800	11.50%	1127	10927	激励
5	3	H087	5500	11.50%	632.5	6132.5	努力
6	4	H012	12000	10.50%	1260	13260	激励
7	5	H045	6500	11.50%	747.5	7247.5	努力
8	6	H123	7500	9.50%	712.5	8212.5	努力
9	7	H059	4500	10.50%	472.5	4972.5	努力
10	8	H069	5000	11.50%	575	5575	努力
11	9	H079	6000	12.50%	750	6750	努力
12	10	H033	8000	11.60%	928	8928	激励

图 5-50 数据清单效果图

操作要求

（1）根据提供的工资浮动率计算工资的浮动额，再计算浮动后的工资（浮动后工资 = 原来工资 + 浮动额）。

（2）为“备注”列添加信息，如果员工工资的浮动额大于 800 元，在对应的备注列内填入“激励”，否则填入“努力”（利用 IF 函数）。

（3）设置“备注”列的单元格样式为“玫瑰红，40%—着色 2”。

（4）选中“职工号”“原来工资”和“浮动后工资”列的内容，建立“堆积面积图”。设置图表样式为“样式 6”，图例位于底部，图标题为“工资对比图”，放在图的上方。将图插入工作表的 A14:G33 单元格区域。

实训 3

打开“汽车销售情况表 .xlsx”工作簿，设置完的效果如图 5-51 所示。

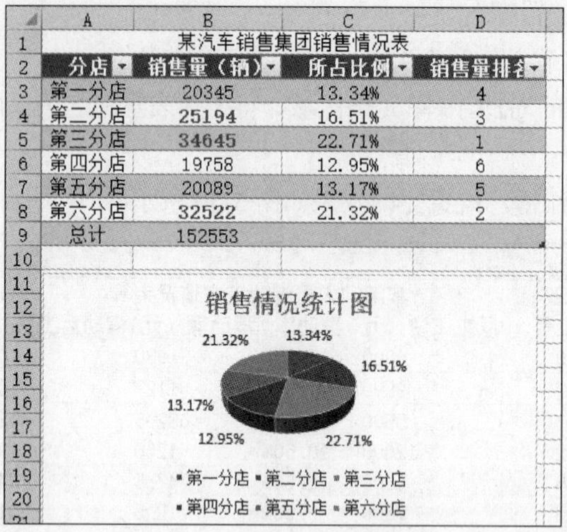

图 5-51 汽车销售情况表

操作要求

（1）合并 A1:D1 单元格区域，内容水平居中；利用条件格式将销售量大于或等于 25 000 辆的单元格数据字体颜色设置为红色（标准色）并加粗；为 A2:D9 单元格区域套用表格格式“红色，表样式中等深浅 3”。将工作表命名为“销售情况表”。

（2）计算销售量的总和，将结果置于 B9 单元格；计算“所占比例”列的内容（所占比例 = 销售量 / 总计，百分比型，保留小数点后 2 位），将结果置于 C3:C8 单元格区域；计算各分店的销售量排名（利用 RANK 函数），将结果置于 D3:D8 单元格区域；设置 A2:D9 单元格的内容水平居中。

（3）为完成的工作表建立图表，选取“分店”列（A2:A8 单元格区域）和“所占比例”列（C2:C8 单元格区域）建立“三维饼图”。图标题为“销售情况统计图”，数据标签采用最佳匹配，图例放在底部。将图插入工作表的 A11:D21 单元格区域。

模块五 挑战自我部分

案例示范 1 制作“员工个人信息表”

操作要求

打开“员工个人信息表 .xlsx”工作簿，图 5-52 左图所示是“Sheet2”工作表中的数据，图 5-52 右图所示是“Sheet1”工作表中的数据。根据“Sheet2”工作表中的数据在“Sheet1”工作表中制作图 5-53 所示的“员工个人信息表”。

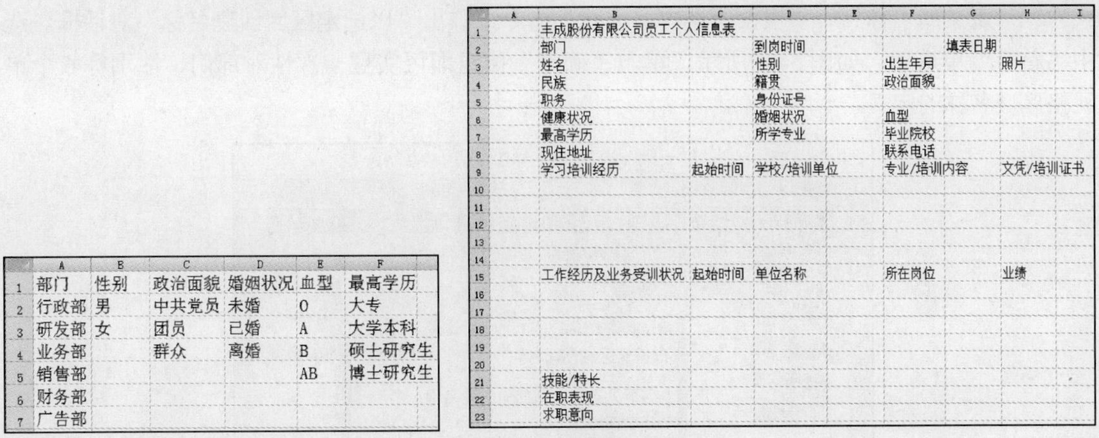

	A	B	C	D	E	F
1	部门	性别	政治面貌	婚姻状况	血型	最高学历
2	行政部	男	中共党员	未婚	O	大专
3	研发部	女	团员	已婚	A	大学本科
4	业务部		群众	离婚	B	硕士研究生
5	销售部				AB	博士研究生
6	财务部					
7	广告部					

	A	B	C	D	E	F	G	H	I
1		丰成股份有限公司员工个人信息表							
2		部门		到岗时间			填表日期		
3		姓名		性别		出生年月		照片	
4		民族		籍贯		政治面貌			
5		职务		身份证号					
6		健康状况		婚姻状况		血型			
7		最高学历		所学专业		毕业院校			
8		现住地址				联系电话			
9		学习培训经历	起始时间	学校/培训单位		专业/培训内容		文凭/培训证书	
10									
11									
12									
13									
14									
15		工作经历及业务受训状况	起始时间	单位名称		所在岗位		业绩	
16									
17									
18									
19									
20									
21		技能/特长							
22		在职表现							
23		求职意向							

图 5-52 数据源

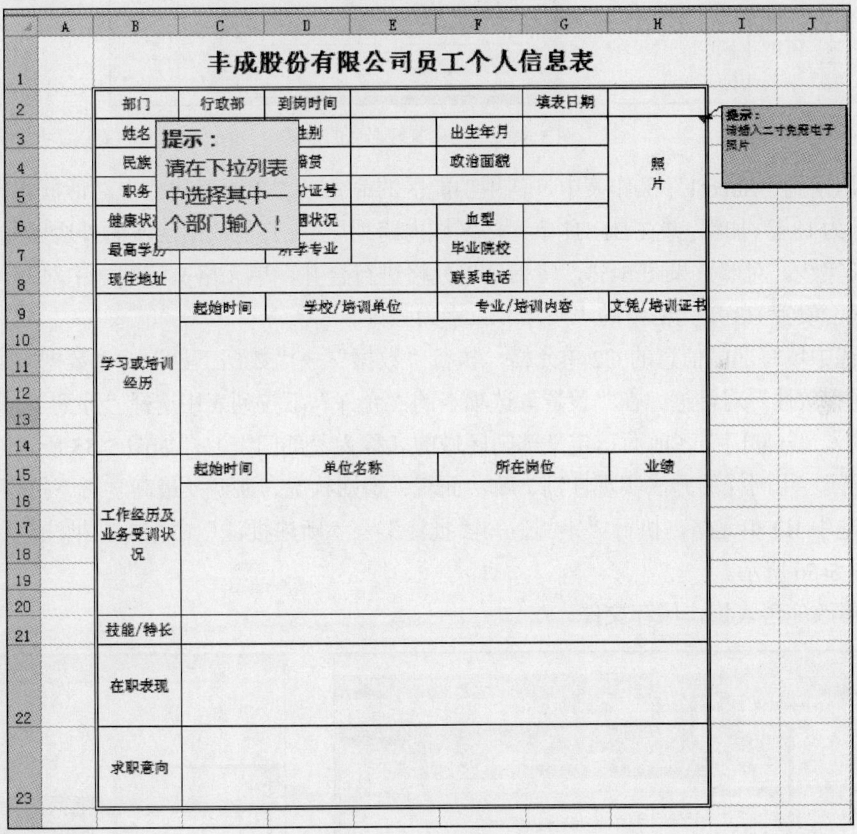

图 5-53 员工个人信息表

操作步骤

（1）在“Sheet2”工作表中，选中 A2:A7 单元格区域，在“名称框”中定义该单元格区域的名称为“部门”。按照此方法依次定义其他单元格区域的名称，或选中 A1:A7 单元格区域，在按住【Ctrl】键的同时再依次选择 B1:B3、C1:C4、D1:D4、E1:E5、F1:F5 单元格区域，然后执行“公式”→“定义的名称”→“根据所选内容创建”命令，弹出“以选定区域创建名称”对话框。选中“首行”单选钮，如图5-54所示，单击“确定”按钮即可实现一次性对部门、性别等6个单元格区域名称的定义。

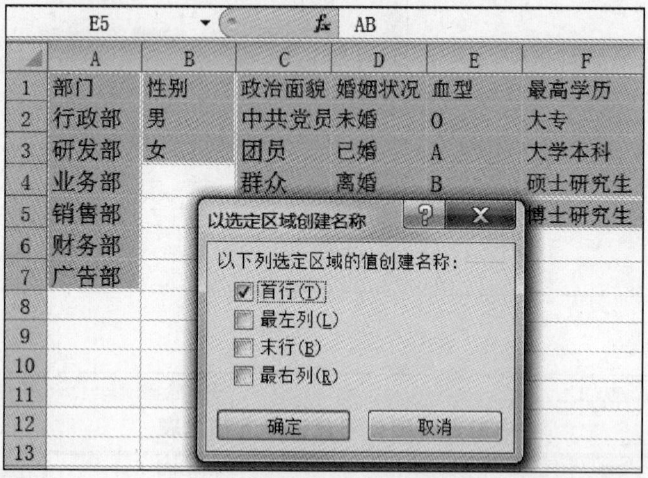

图5-54 单元格区域名称的定义

（2）切换到“Sheet1”工作表中，利用功能区的命令或“单元格格式”对话框实现：表格标题文字字号为18磅、加粗，并在B1:H1单元格区域内跨列居中，其他数据区域的外边框线为双实线，内框线为细实线。对照效果图5-53，将相应单元格进行合并，单元格文字都居中对齐，适当调整行高和列宽，设置H3单元格中的“照片”二字为竖排。

（3）选中填写部门信息的C2单元格，执行“数据”→“数据工具”→“数据验证”命令，弹出“数据有效性”对话框。在“设置”选项卡的“允许”下拉列表中选择“序列”，在“来源”文本框中输入“=部门”（前面已定义部门区域的名称为“部门”），如图5-55所示，单击“确定”按钮返回。用同样的方法实现性别、政治面貌、婚姻状况、血型及最高学历下拉列表的创建。

（4）选中H3单元格，执行“审阅”→“批注”→“新建批注”命令，在批注框中录入提示信息，如图5-56所示。

（5）修改完善表格，保存文件。

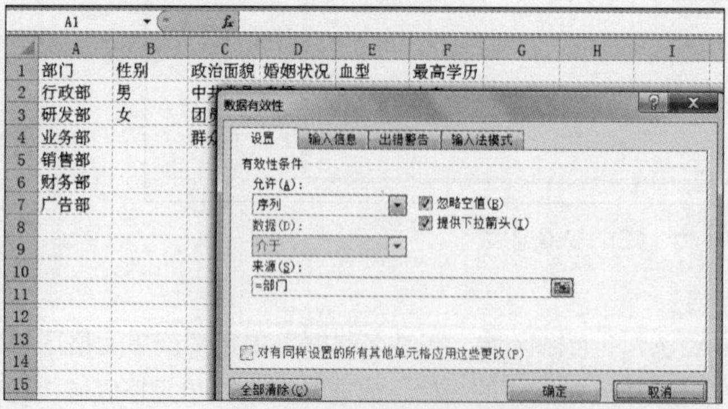

图5-55 “数据有效性”对话框

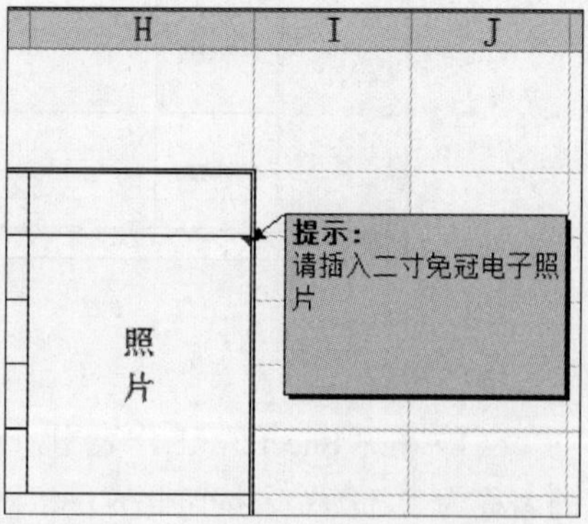

图5-56 插入“批注”的效果

案例示范 2　完善“员工档案表”的信息

操作要求

打开“员工档案表 .xlsx”工作簿（见图 5-57），利用表中的数据制作一份资料准确、详细的员工档案详表（见图 5-58）。具体要求是添加“性别”“出生日期”“工龄”3 列数据。

飞星公司员工信息表				
记录号	姓名	职称	身份证号	工作日期
1	李莉	高工	[illegible]	1967/6/15
2	顾照月	高工	[illegible]	1974/8/5
3	程韬	工程师	[illegible]	1994/11/24
4	刘天飞	工程师	[illegible]	1994/9/28
5	谭超群	工程师	[illegible]	1989/4/12
6	夏春	技术员	[illegible]	1980/11/28
7	吴凤霞	工程师	[illegible]	1986/1/24
8	丁桂萍	高工	[illegible]	1970/9/1
9	严红兰	高工	[illegible]	1976/12/11
10	黄俊高	高工	[illegible]	1970/7/2
11	樊斌	高工	[illegible]	1969/11/17
12	黄春会	高工	[illegible]	1979/12/8
13	俞红	工程师	[illegible]	1990/7/16
14	马国祥	技术员	[illegible]	1992/10/22
15	徐洁	技术员	[illegible]	2001/4/30
16	张成军	工程师	[illegible]	1988/1/10
17	郭万平	高工	[illegible]	1987/3/6
18	李庆	工程师	[illegible]	1983/1/29
19	马安玲	高工	[illegible]	1987/12/20
20	[illegible]	高工	[illegible]	[illegible]

图 5-57　员工档案表

飞星公司员工信息表							
记录号	姓名	性别	出生日期	职称	身份证号	工作日期	工龄
1	李莉	女	1954/4/24	高工	[illegible]	1967/6/15	46
2	顾照月	女	1958/9/16	高工	[illegible]	1974/8/5	39
3	程韬	男	1978/4/19	工程师	[illegible]	1994/11/24	18
4	刘天飞	男	1979/10/16	工程师	[illegible]	1994/9/28	19
5	谭超群	男	1969/6/11	工程师	[illegible]	1989/4/12	24
6	夏春	女	1948/11/9	技术员	[illegible]	1980/11/28	32
7	吴凤霞	女	1959/3/24	工程师	[illegible]	1986/1/24	27
8	丁桂萍	女	1956/12/16	高工	[illegible]	1970/9/1	43
9	严红兰	女	1956/2/18	高工	[illegible]	1976/12/11	36
10	黄俊高	女	1952/7/29	高工	[illegible]	1970/7/2	43
11	樊斌	男	1945/1/15	高工	[illegible]	1969/11/17	43
12	黄春会	男	1959/6/28	高工	[illegible]	1979/12/8	33
13	俞红	男	1969/2/12	工程师	[illegible]	1990/7/16	23
14	马国祥	女	1979/5/12	技术员	[illegible]	1992/10/22	21
15	徐洁	女	1988/10/7	技术员	[illegible]	2001/4/30	12
16	张成军	男	1958/9/10	工程师	[illegible]	1988/1/10	25
17	郭万平	男	1968/1/6	高工	[illegible]	1987/3/6	26
18	李庆	女	1968/2/5	工程师	[illegible]	1983/1/29	30
19	马安玲	女	1969/8/22	高工	[illegible]	1987/12/20	25

图 5-58　员工档案详表

操作步骤

（1）打开“员工档案表 .xlsx”工作簿，在“职称”列左侧插入“性别”列和“出生日期”列。

（2）在 C3 单元格中输入公式“=IF(MOD(IF(LEN(F3)=15,MID(F3,15,1),MID(F3,17,1)),2)=0,"女","男")”后，按【Enter】键确认，效果如图 5-59 所示。

C3　fx　=IF(MOD(IF(LEN(F3)=15, MID(F3, 15, 1), MID(F3, 17, 1))

飞星公司员工信息表						
记录号	姓名	性别	出生日期	职称	身份证号	工作日期
1	李莉	女		高工	[illegible]	1967/6/15
2	顾照月			高工	[illegible]	1974/8/5
3	程韬			工程师	[illegible]	1994/11/24
4	刘天飞			工程师	[illegible]	1994/9/28
5	谭超群			工程师	[illegible]	1989/4/12
6	夏春			技术员	[illegible]	1980/11/28
7	吴凤霞			工程师	[illegible]	1986/1/24
8	丁桂萍			高工	[illegible]	1970/9/1
9	严红兰			高工	[illegible]	1976/12/11
10	黄俊高			高工	[illegible]	1970/7/2
11	樊斌			高工	[illegible]	1969/11/17
12	黄春会			高工	[illegible]	1979/12/8
13	俞红			工程师	[illegible]	1990/7/16
14	马国祥			技术员	[illegible]	1992/10/22
15	徐洁			技术员	[illegible]	2001/4/30

图 5-59　录入性别数据

（3）选中 C3 单元格，将鼠标指针移到该单元格的右下角，当指针变为“+”时，直接向下拖动，利用自动填充功能完成“性别”列数据的录入。

（4）在 D3 单元格中输入公式“=IF(LEN(F3)=15,MID(F3,7,6),MID(F3,7,8))”，按【Enter】键确认并利用自动填充功能进行填充，效果如图 5-60 所示。

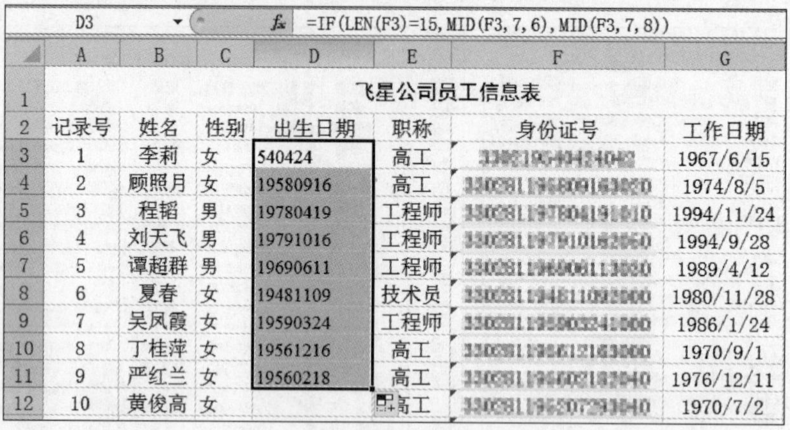

D3 =IF(LEN(F3)=15,MID(F3,7,6),MID(F3,7,8))

	A	B	C	D	E	F	G
1				飞星公司员工信息表			
2	记录号	姓名	性别	出生日期	职称	身份证号	工作日期
3	1	李莉	女	540424	高工	[illegible]	1967/6/15
4	2	顾照月	女	19580916	高工	[illegible]	1974/8/5
5	3	程韬	男	19780419	工程师	[illegible]	1994/11/24
6	4	刘天飞	男	19791016	工程师	[illegible]	1994/9/28
7	5	谭超群	男	19690611	工程师	[illegible]	1989/4/12
8	6	夏春	女	19481109	技术员	[illegible]	1980/11/28
9	7	吴凤霞	女	19590324	工程师	[illegible]	1986/1/24
10	8	丁桂萍	女	19561216	高工	[illegible]	1970/9/1
11	9	严红兰	女	19560218	高工	[illegible]	1976/12/11
12	10	黄俊高	女		高工	[illegible]	1970/7/2

图 5-60　录入出生日期

（5）选中“出生日期”列的 D3:D68 单元格区域，先执行“复制”操作，接着执行“开始”→“剪贴板”→“粘贴”→“选择性粘贴”命令，在弹出的“选择性粘贴”对话框中选中“数值”单选钮，单击“确定”按钮。

（6）继续选中“出生日期”列的 D3:D68 单元格区域，执行“数据”→“数据工具”→“分列”命令，在弹出的图 5-61 所示的“文本分列向导 - 第 1 步，共 3 步”对话框中，选中“固定宽度”单选钮，单击“下一步”按钮。

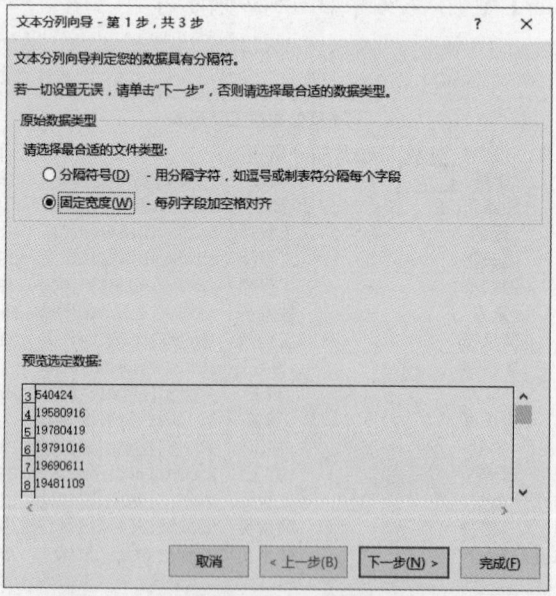

图 5-61　第 1 步对话框

（7）在弹出的图 5-62 所示的“文本分列向导 - 第 2 步，共 3 步”对话框中，继续单击“下一步”按钮。

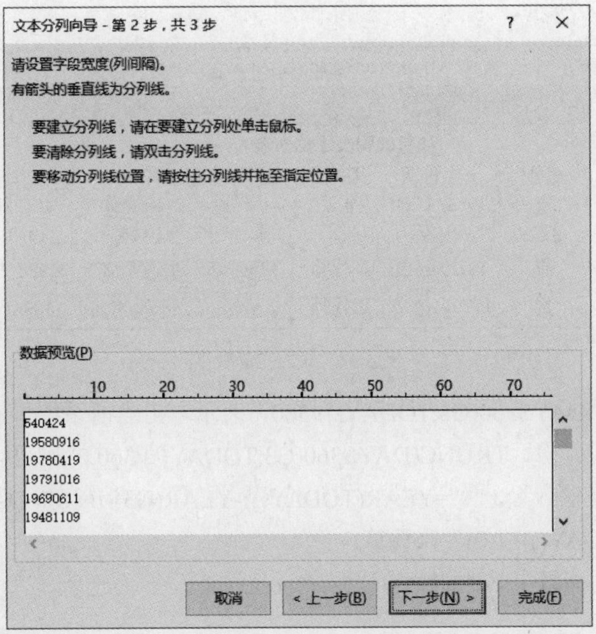

图 5-62　第 2 步对话框

（8）在弹出的图 5-63 所示的“文本分列向导 - 第 3 步，共 3 步”对话框中，在“列数据格式”区选中“日期”单选钮，在右边的下拉列表中选择“YMD”项，单击“完成”按钮，即可得到员工的“出生日期”列的数据。

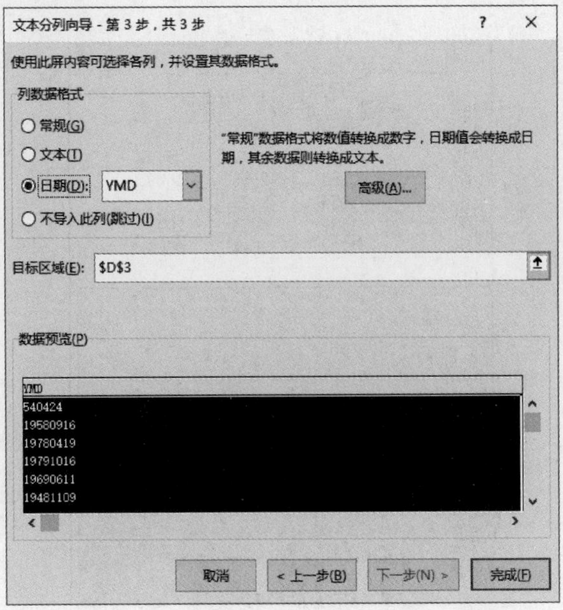

图 5-63　第 3 步对话框

（9）在“工作日期”列后插入“工龄”列。

（10）在 H3 单元格中输入公式“=TRUNC(DAYS360(G3,TODAY())/360,0)”后，按【Enter】键确认，效果如图 5-64 所示。

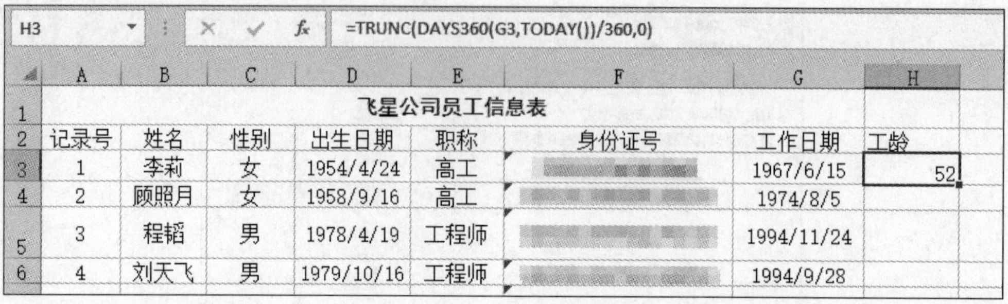
H3 =TRUNC(DAYS360(G3,TODAY())/360,0)

	A	B	C	D	E	F	G	H
1	飞星公司员工信息表							
2	记录号	姓名	性别	出生日期	职称	身份证号	工作日期	工龄
3	1	李莉	女	1954/4/24	高工	[illegible]	1967/6/15	52
4	2	顾照月	女	1958/9/16	高工	[illegible]	1974/8/5	
5	3	程韬	男	1978/4/19	工程师	[illegible]	1994/11/24	
6	4	刘天飞	男	1979/10/16	工程师	[illegible]	1994/9/28	

图 5-64　录入工龄数据

说明：公式中的“DAYS360(G3,TODAY())/360”表示求出当前系统日期和工作日期之间的天数后，除以 360 换算成年份，TRUNC(DAYS360(G3,TODAY())/360,0) 则可以求出年份的整数值；也可通过在 H3 单元格输入公式“=YEAR(TODAY())-YEAR(G3)-IF(G3>DATE(YEAR(G3),MONTH(TODAY()),DAY(TODAY())),1,0)”来计算。

（11）利用填充功能得出其他的工龄数据。

案例示范 3　动态图表的制作

操作要求

打开“产品销售表 .xlsx”工作簿，制作出图 5-65 所示的产品销售统计图。要求单击图表左边各个产品的选项按钮，图中即显示相应产品的销售情况；将图例置于底部，图表区的填充色为“浅色渐变 - 个性色 1”。

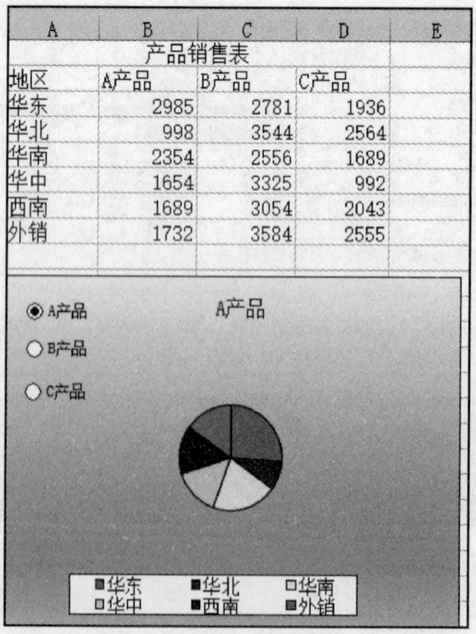
产品销售表

地区	A产品	B产品	C产品
华东	2985	2781	1936
华北	998	3544	2564
华南	2354	2556	1689
华中	1654	3325	992
西南	1689	3054	2043
外销	1732	3584	2555

图 5-65　产品销售统计图

操作步骤

（1）打开“产品销售表 .xlsx”工作簿，在 F2 单元格中输入公式“=A2”，A2 单元格的内容为“地区”。然后用填充的方法把该公式复制到 F3:F8 单元格区域，则 F2:F8 单元格区域显示产品销售表的第 1 列内容。

（2）在 F1 单元格中输入“1”，该单元格的内容用来控制要提取的是哪一种产品的数据（即图表要描述的是哪一批数据）。

（3）在 G2 单元格中输入公式“=OFFSET(A2,0,$F$1)”，确认后该单元格显示“A 产品”。然后用填充的方法把该公式复制到 G3:G8 单元格区域，则 A 产品的数据将被提取显示在该区域。

（4）选中 F2:G8 单元格区域，执行“插入”→“图表”→“饼图”命令。

（5）执行“文件”→“选项”→“自定义功能区”命令，在弹出的“Excel 选项”对话框的“从下列位置选择命令”下拉列表中选择“不在功能区中的命令”选项，找到“选项按钮（窗体控件）”，将其添加到自定义的选项卡内，如图 5-66 所示（或激活“开发工具”选项卡）。

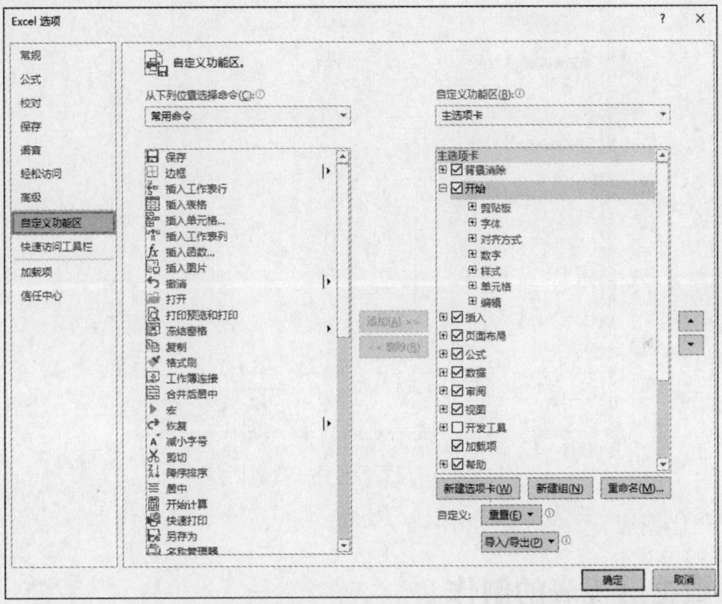

图 5-66　自定义功能区

（6）执行“自定义”→“自定义控件”→“选项按钮”命令，如图 5-67 所示，在图表左上空白处单击或拖动，画出“选项按钮 1”。用相同的方法画出“选项按钮 2”“选项按钮 3”，并适当地调整它们的位置。

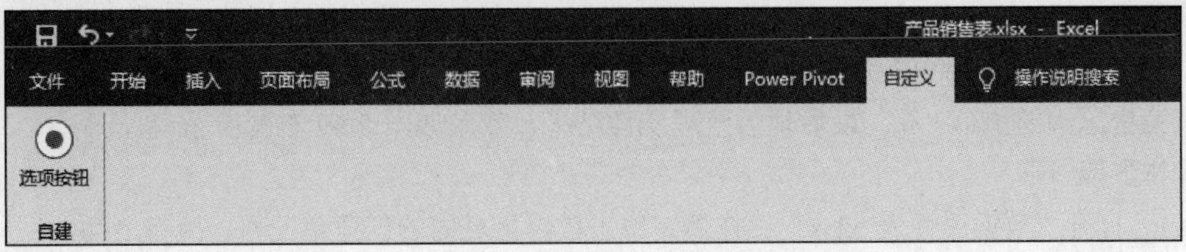

图 5-67　自定义的“选项按钮”

（7）选中“选项按钮 1”，单击鼠标右键，在弹出的快捷菜单中选择“编辑文字”命令，将按钮名称修改为“A 产品”。用相同的方法将“选项按钮 2”“选项按钮 3”的按钮名称修改为“B 产品”“C 产品”。

（8）选中“A 产品”选项按钮，单击鼠标右键，在弹出的快捷菜单中选择“设置控件格式”命令，打开“设置控件格式”对话框，如图 5-68 所示。切换到“控制”选项卡，设置“单元格链接”为“$F$1”，在“值”选项组中选中“已选择”单选钮，单击“确定”按钮。

注意：设置第 1 个选项按钮即“A 产品”选项按钮的“控制”属性时，第 2 个和第 3 个选项按钮的属性也被自动设置，无须一个一个地设置。

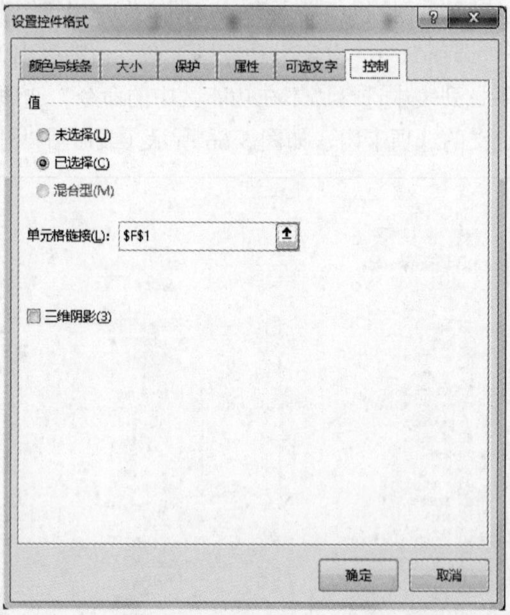

图 5-68 “设置控件格式”对话框

（9）按要求美化图表。

案例示范 4 数据透视表的制作

操作要求

打开“数据透视表 .xlsx”工作簿，图 5-69 左图所示为某外贸公司的销售数据清单，清单以流水的形式进行记录，清单包括日期、商品编号、销售额、销售员及国家等信息，时间跨度为 2019 年一整年。

现要求在“Sheet2”工作表中按季度显示销售员的销售总额，并根据销售总额确定销售员的奖金，销售总额超过 30 000 元（包括 30 000 元）的销售员，每季度奖金按销售总额的 10% 计算，否则按销售总额的 5% 计算。最后适当整理统计结果，效果如图 5-69 右图所示。

操作步骤

（1）打开“数据透视表 .xlsx”工作簿，单击数据区域内的任意单元格，执行“插入”→“表格”→“数据透视表”命令，打开图 5-70 所示的“创建数据透视表”对话框。

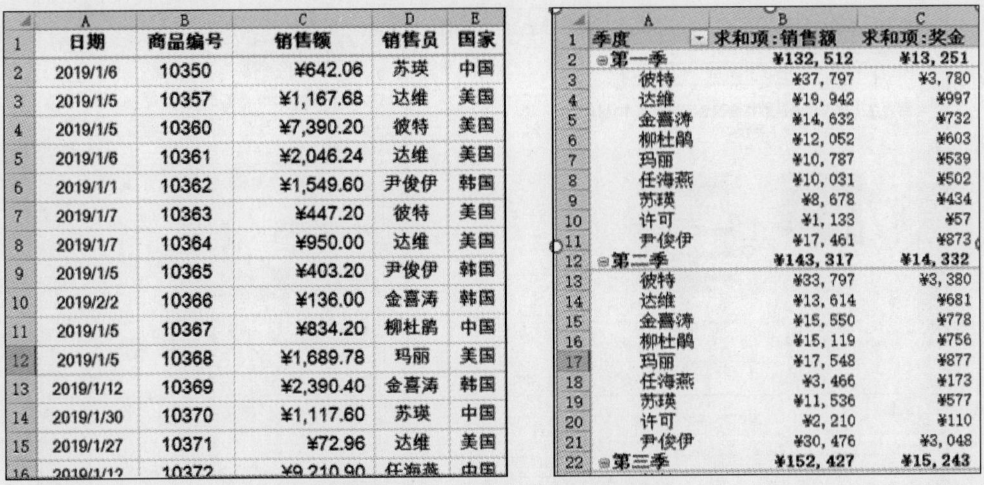

	A	B	C	D	E
1	日期	商品编号	销售额	销售员	国家
2	2019/1/6	10350	¥642.06	苏瑛	中国
3	2019/1/5	10357	¥1,167.68	达维	美国
4	2019/1/5	10360	¥7,390.20	彼特	美国
5	2019/1/6	10361	¥2,046.24	达维	美国
6	2019/1/1	10362	¥1,549.60	尹俊伊	韩国
7	2019/1/7	10363	¥447.20	彼特	美国
8	2019/1/7	10364	¥950.00	达维	美国
9	2019/1/5	10365	¥403.20	尹俊伊	韩国
10	2019/2/2	10366	¥136.00	金喜涛	韩国
11	2019/1/5	10367	¥834.20	柳杜鹃	中国
12	2019/1/5	10368	¥1,689.78	玛丽	美国
13	2019/1/12	10369	¥2,390.40	金喜涛	韩国
14	2019/1/30	10370	¥1,117.60	苏瑛	中国
15	2019/1/27	10371	¥72.96	达维	美国
16	2019/1/12	10372	¥9,210.90	任海燕	中国

	A	B	C
1	季度	求和项:销售额	求和项:奖金
2	⊟第一季	¥132,512	¥13,251
3	彼特	¥37,797	¥3,780
4	达维	¥19,942	¥997
5	金喜涛	¥14,632	¥732
6	柳杜鹃	¥12,052	¥603
7	玛丽	¥10,787	¥539
8	任海燕	¥10,031	¥502
9	苏瑛	¥8,678	¥434
10	许可	¥1,133	¥57
11	尹俊伊	¥17,461	¥873
12	⊟第二季	¥143,317	¥14,332
13	彼特	¥33,797	¥3,380
14	达维	¥13,614	¥681
15	金喜涛	¥15,550	¥778
16	柳杜鹃	¥15,119	¥756
17	玛丽	¥17,548	¥877
18	任海燕	¥3,466	¥173
19	苏瑛	¥11,536	¥577
20	许可	¥2,210	¥110
21	尹俊伊	¥30,476	¥3,048
22	⊟第三季	¥152,427	¥15,243

图 5-69 销售清单和完成后的效果图

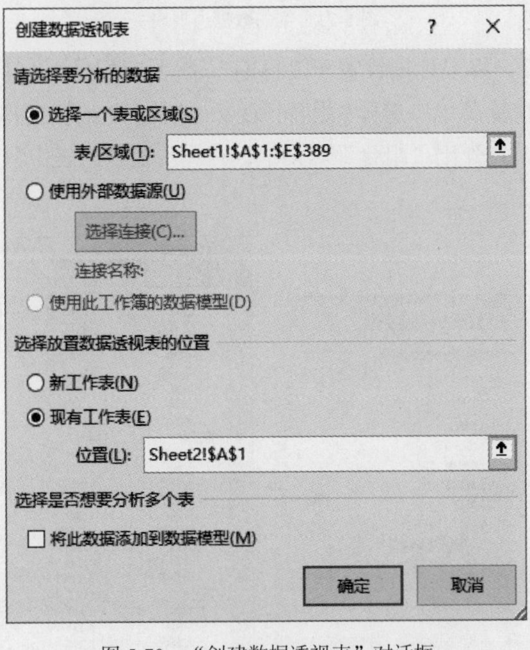

图 5-70 “创建数据透视表”对话框

（2）在“请选择要分析的数据”区中选中“选择一个表或区域”单选钮，在“表 / 区域”文本框中输入“Sheet1!$A$1:$E$389”（即“Sheet1”工作表中的所有数据区域）。在“选择放置数据透视表的位置”区中选中“现有工作表”单选钮，在“位置”文本框中输入“Sheet2！ $A$1”（即将数据透视表放在“Sheet2”工作表中）。单击“确定”按钮后即建好一个空的数据透视表，如图 5-71 所示。

（3）设置报表布局。先单击左边的空“数据透视表”区域，然后在右边的“数据透视表字段”界面下方将“日期”添加到“行”（目的是使日期排在前面），再将“销售员”添加到“行”，将“销售额”添加到求和项。设置完的报表如图 5-72 所示。

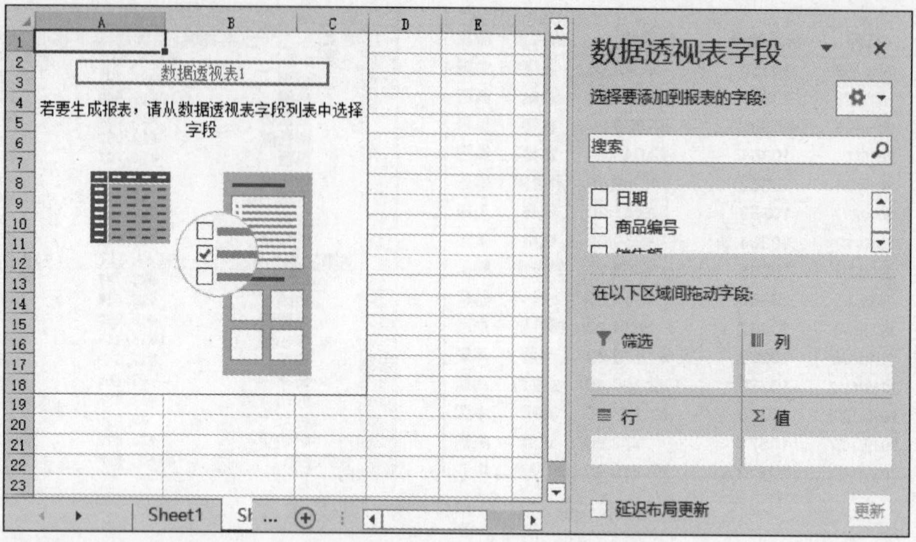

图 5-71　空的数据透视表

（4）按季度组合日期。将鼠标指针置于“日期”字段标题处或“日期”列的任意单元格上，单击鼠标右键，在弹出的快捷菜单中选择“组合”命令（或执行“数据透视表工具”→“分析”→“组合”→“分组字段”命令），弹出“组合”对话框。在“步长”列表中只选择“季度”，如图 5-73 所示，单击“确定”按钮。

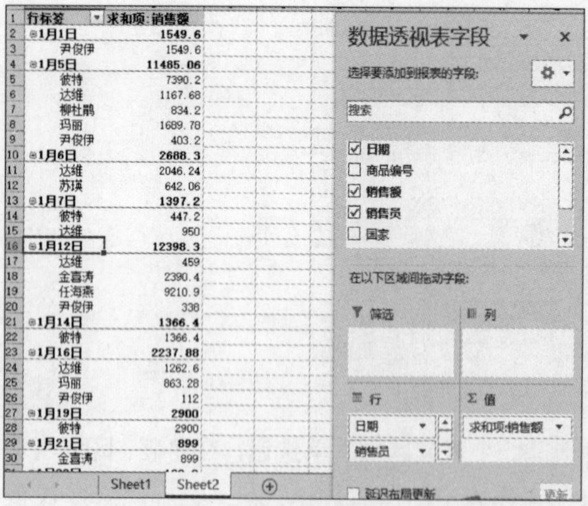

图 5-72　数据透视表 1

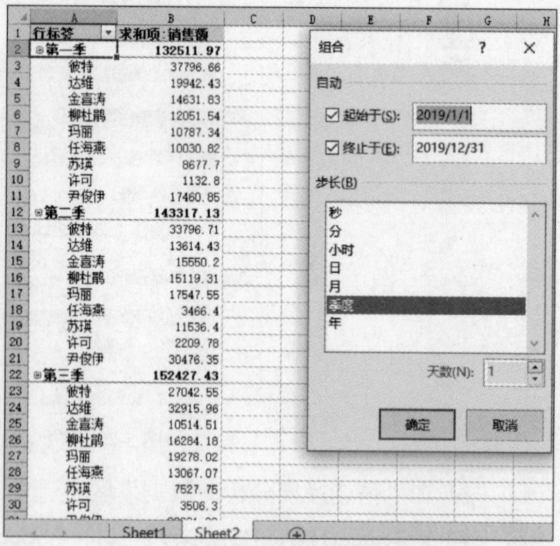

图 5-73　“组合”对话框及组合后的效果

（5）重命名“日期”字段标题，选择报表中的 A1 单元格，输入新的值为“季度”。

（6）添加奖金字段。选中数据透视表内部的任意单元格，执行“数据透视表工具”→“分析”→“计算”→“字段、项目和集”→“计算字段”命令，弹出“插入计算字段”对话框。在该对话框的“名称”下拉列表框中输入“奖金”，在“公式”文本框中输入“= IF(销售额> =30000, 销售额 *10%, 销售额 *5%)”，如图 5-74 所示。完成后单击“确定”按钮。

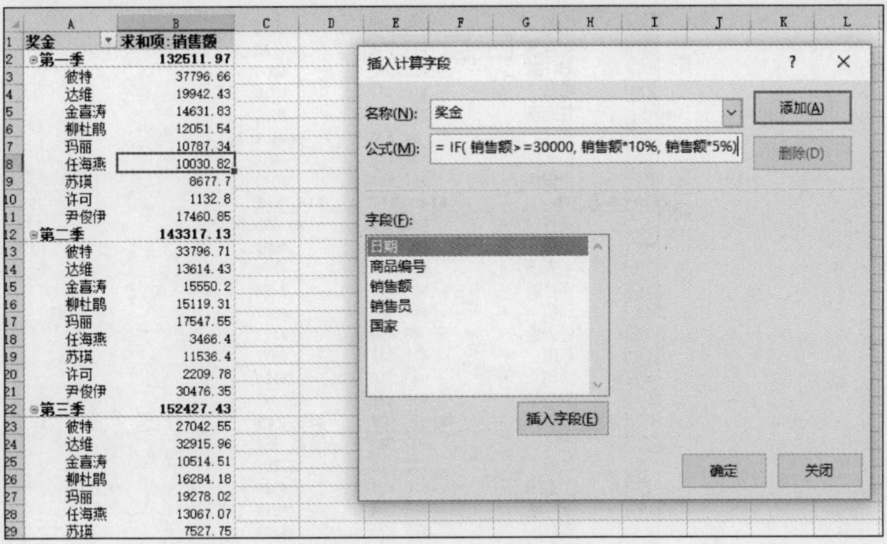

图 5-74 “插入计算字段”对话框

（7）修改数据格式。单击求和区的“求和项：销售额”，在弹出的快捷菜单中选择“值字段设置”命令，弹出“值字段设置”对话框，如图 5-75 所示。

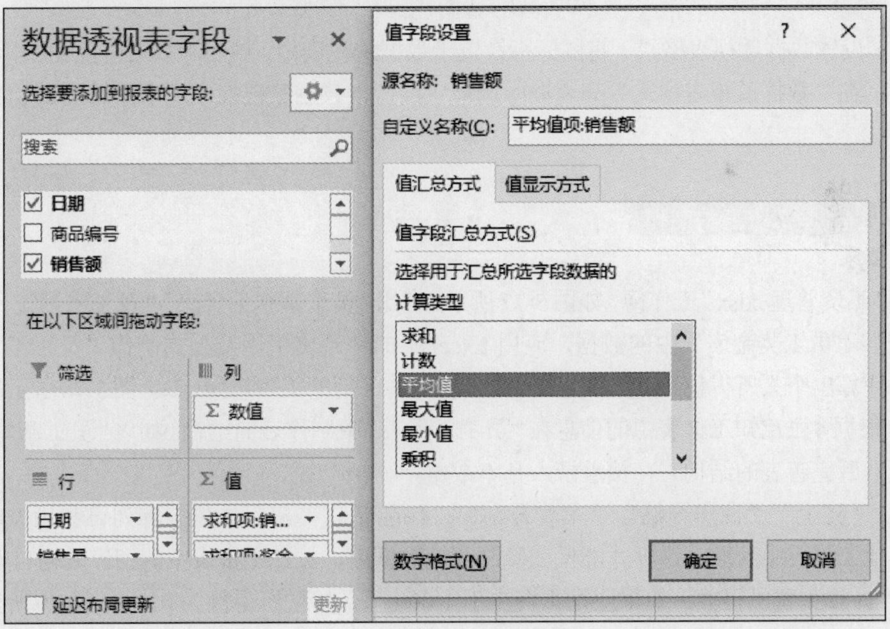

图 5-75 值字段设置示意图

（8）在“值字段设置”对话框中，单击“数字格式”按钮，在弹出的“设置单元格格式”对话框中选择“货币”选项，小数位数设置为 0，单击“确定”按钮。

（9）用步骤（7）和步骤（8）的方法，设置“奖金”列的数据格式为货币型，保留整数，数据透视表如图 5-76 所示。

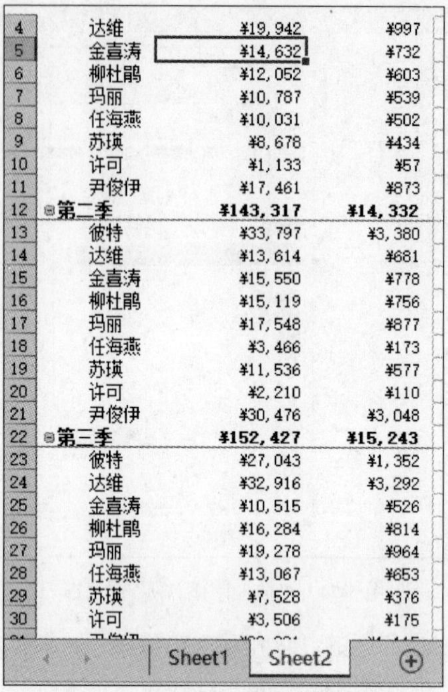

4	达维	¥19,942	¥997
5	金喜涛	¥14,632	¥732
6	柳杜鹃	¥12,052	¥603
7	玛丽	¥10,787	¥539
8	任海燕	¥10,031	¥502
9	苏瑛	¥8,678	¥434
10	许可	¥1,133	¥57
11	尹俊伊	¥17,461	¥873
12	**⊟第二季**	**¥143,317**	**¥14,332**
13	彼特	¥33,797	¥3,380
14	达维	¥13,614	¥681
15	金喜涛	¥15,550	¥778
16	柳杜鹃	¥15,119	¥756
17	玛丽	¥17,548	¥877
18	任海燕	¥3,466	¥173
19	苏瑛	¥11,536	¥577
20	许可	¥2,210	¥110
21	尹俊伊	¥30,476	¥3,048
22	**⊟第三季**	**¥152,427**	**¥15,243**
23	彼特	¥27,043	¥1,352
24	达维	¥32,916	¥3,292
25	金喜涛	¥10,515	¥526
26	柳杜鹃	¥16,284	¥814
27	玛丽	¥19,278	¥964
28	任海燕	¥13,067	¥653
29	苏瑛	¥7,528	¥376
30	许可	¥3,506	¥175

图 5-76　设置数据格式后的数据透视表

（10）设置数据透视表格式。将鼠标指针置于数据透视表中，执行“数据透视表工具”→“设计”命令，在“数据透视表样式”列表框中选择“浅蓝，数据透视表样式中等深浅 2”样式。

实训集

实训 1　工资表的制作

操作要求

打开“工资管理 .xlsx”工作簿，如图 5-77 所示。利用“员工基本工资表”“员工出勤统计表”“员工福利表”“员工奖金表”中的数据，应用 Excel 中的单元格引用及公式制作“员工工资表”，同时要求计算出个人所得税及个人实发工资，并统计各部门的工资总额（参考图 5-78 所示的效果）。

（1）根据 4 张已知工作表中的信息在“员工工资表”中制作表的结构（如以“员工基本工资表”为框架，然后完善表的结构），接着录入基本数据。

（2）“奖金”“住房补贴”“车费补贴”“保险金”“请假扣款”等列可利用 VLOOKUP 函数从其他工作表中获取，这样才能保证修改原始数据后，员工工资表中的相应数据自动更新。

（3）计算扣税所得额：如果应发工资少于 1 000 元，扣税所得额为 0，否则扣税所得额为应发工资减去 1 000 元。

（4）计算个人所得税：

扣税所得额＜ 500，个人所得税 = 扣税所得额 ×5%；

500 ≤扣税所得额＜ 2000，个人所得税 = 扣税所得额 ×10%-25；

2000 ≤扣税所得额＜ 5000，个人所得税 = 扣税所得额 ×15%-125。

（5）统计各部门的工资总额（可使用 SUMIF 函数）。

员工基本工资表			
员工编号	员工姓名	所在部门	基本工资
1001	江雨薇	人事部	¥3,000
1002	郝思嘉	行政部	¥2,000
1003	林晓彤	财务部	¥2,500
1004	曾云儿	销售部	¥2,000
1005	邱月清	业务部	¥3,000
1006	沈沉	人事部	¥2,000
1007	蔡小蓓	行政部	¥2,000
1008	尹南	财务部	¥3,000
1009	陈小旭	销售部	¥2,500
1010	薛婧	业务部	¥1,500
1011	萧煜	财务部	¥2,000
1012	陈露	销售部	¥3,000
1013	杨清清	业务部	¥2,500
1014	柳晓琳	人事部	¥3,000
1015	杜媛媛	行政部	¥2,000
1016	乔小麦	财务部	¥3,000
1017	丁欣	销售部	¥2,000
1018	赵震	业务部	¥2,500

员工工资表　员工基本工资表　员工出勤统计表　员工福利表　员工奖金表

图 5-77　制作员工工资表所需的源数据

员工工资表												
员工编号	员工姓名	所在部门	基本工资	奖金	住房补贴	车费补贴	保险金	请假扣款	应发金额	扣税所得额	个人所得税	实发金额
1001	江雨薇	人事部	¥3,000	¥300	¥100	¥0	¥200	¥20	¥3,180	¥2,180	¥202	¥2,978
1002	郝思嘉	行政部	¥2,000	¥340	¥100	¥120	¥200	¥23	¥2,337	¥1,337	¥109	¥2,228
1003	林晓彤	财务部	¥2,500	¥360	¥100	¥120	¥200	¥14	¥2,866	¥1,866	¥162	¥2,704
1004	曾云儿	销售部	¥2,000	¥360	¥100	¥120	¥200	¥8	¥2,372	¥1,372	¥112	¥2,260
1005	邱月清	业务部	¥3,000	¥340	¥100	¥120	¥200	¥9	¥3,351	¥2,351	¥228	¥3,123
1006	沈沉	人事部	¥2,000	¥300	¥100	¥120	¥200	¥50	¥2,270	¥1,270	¥102	¥2,168
1007	蔡小蓓	行政部	¥2,000	¥300	¥100	¥0	¥200	¥36	¥2,164	¥1,164	¥91	¥2,073
1008	尹南	财务部	¥3,000	¥340	¥100	¥120	¥200	¥40	¥3,320	¥2,320	¥223	¥3,097
1009	陈小旭	销售部	¥2,500	¥250	¥100	¥120	¥200	¥60	¥2,710	¥1,710	¥146	¥2,564
1010	薛婧	业务部	¥1,500	¥450	¥100	¥120	¥200	¥25	¥1,945	¥945	¥70	¥1,875
1011	萧煜	财务部	¥2,000	¥360	¥100	¥0	¥200	¥26	¥2,234	¥1,234	¥98	¥2,136
1012	陈露	销售部	¥3,000	¥360	¥100	¥120	¥200	¥39	¥3,341	¥2,341	¥226	¥3,115
1013	杨清清	业务部	¥2,500	¥120	¥100	¥120	¥200	¥48	¥2,592	¥1,592	¥134	¥2,458
1014	柳晓琳	人事部	¥3,000	¥450	¥100	¥120	¥200	¥52	¥3,418	¥2,418	¥238	¥3,180
1015	杜媛媛	行政部	¥2,000	¥120	¥100	¥120	¥200	¥16	¥2,124	¥1,124	¥87	¥2,037
1016	乔小麦	财务部	¥3,000	¥120	¥100	¥120	¥200	¥54	¥3,086	¥2,086	¥188	¥2,898
1017	丁欣	销售部	¥2,000	¥450	¥100	¥0	¥200	¥16	¥2,334	¥1,334	¥108	¥2,226
1018	赵震	业务部	¥2,500	¥450	¥100	¥120	¥200	¥49	¥2,921	¥1,921	¥167	¥2,754

所在部门	总计
人事部	¥8,326
行政部	¥6,338
财务部	¥10,835
销售部	¥10,165
业务部	¥10,210

员工工资表　员工基本工资表　员工出勤统计表　员工福利表　员工奖金表

图 5-78　员工工资表效果图

实训 2 数据统计

操作要求

打开“课时统计 .xlsx”工作簿，图 5-79 所示为第 1 周的课时统计，具体要求如下。

（1）要求向下滚动每一张工作表时，工作表的字段和标题都不会滚动。

（2）为“第 1 周”工作表的 E2 和 F2 单元格添加批注，内容分别为“由原 04V2 与 04V4 组成”和“由原 04 高 3 与 04V5 高考学生组成”。

（3）在“第 1 周”～“第 4 周”工作表的 Z2 单元格处增加“合计”列，并用所学知识填充相应数据（可利用“工作表组”提高效率）。

（4）根据“月统计表”工作表的布局，用所学的 Excel 知识统计相应数据，效果如图 5-80 所示。

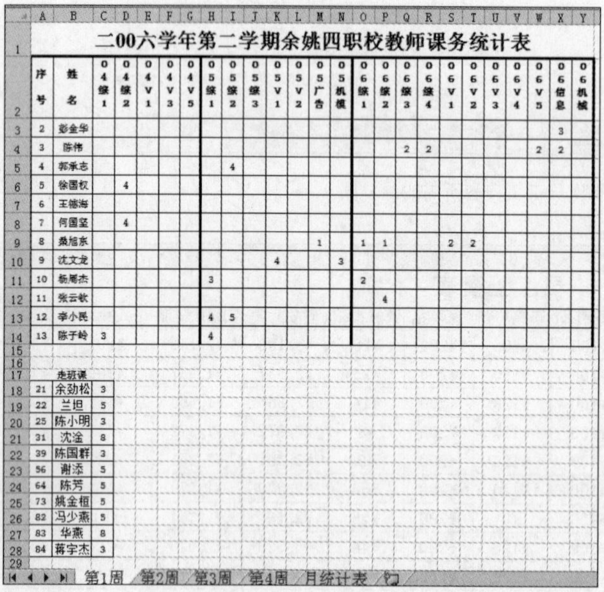

图 5-79 课时统计数据源

图 5-80 课时统计效果图

提示：本实训很特殊，所有工作表的结构均一样，姓名及在表中的顺序也应一样。

实训 3 数据分析

操作要求

打开“数据分析 .xlsx”工作簿，如图 5-81 所示。具体要求如下。

（1）对“计算机销售记录表”工作表中的记录，按联想、长城、IBM、方正等品牌顺序进行排序，同一品牌按金额从高到低排列。

（2）将“工资表”工作表中的分类汇总删除，按照“职称”重新分类汇总，统计出各类职称“实发工资”的总和及各类职称“实发工资”的最高工资。

（3）根据“产品销售记录单”工作表中的数据，筛选出“顾客”列中含有“Mart”的，在 1980 年出生且“产品”列中第 1 个字母为 G、最后 1 个字母为 S 的产品数据清单，分别在 A26 单元格的起始处和原来的区域中显示。

	A	B	C	D	E	F	G	H	I
1	编号	销售日期	商品	品牌	型号	单价	数量	金额	销售人员
2	K001	2005/2/15	服务器	联想	万全 R51	¥24,000.00	3	¥72,000.00	胡倩倩
3	K002	2005/2/15	服务器	IBM	X346 884	¥23,900.00	2	¥47,800.00	林海
4	K003	2005/2/15	台式机	联想	天骄 E50	¥8,500.00	24	¥204,000.00	张帆
5	K004	2005/2/15	笔记本电脑	方正	T660	¥14,000.00	8	¥112,000.00	刘一鹏
6	K005	2005/2/16	服务器	IBM	X346 884	¥23,900.00	4	¥95,600.00	林海
7	K006	2005/2/16	台式机	方正	商祺 N26	¥4,600.00	26	¥119,600.00	张帆
8	K007	2005/2/16	笔记本电脑	联想	昭阳 S62	¥12,000.00	7	¥84,000.00	刘一鹏
9	K008	2005/2/17	台式机	联想	天骄 E50	¥8,500.00	27	¥229,500.00	丁香
10	K009	2005/2/17	服务器	联想	万全 R51	¥24,000.00	5	¥120,000.00	胡倩倩
11	K011	2005/2/18	笔记本电脑	联想	昭阳 S62	¥12,000.00	9	¥108,000.00	张帆
12	K012	2005/2/18	台式机	方正	商祺 320	¥7,600.00	25	¥190,000.00	刘一鹏
13	K013	2005/3/2	笔记本电脑	联想	昭阳 S62	¥12,000.00	10	¥120,000.00	张帆
14	K014	2005/3/2	台式机	联想	天骄 E50	¥7,000.00	35	¥245,000.00	刘一鹏
15	K015	2005/3/3	服务器	IBM	xSeries	¥24,300.00	3	¥72,900.00	林海
16	K016	2005/3/3	笔记本电脑	方正	T660	¥14,000.00	5	¥70,000.00	张帆
17	K017	2005/3/3	笔记本电脑	联想	昭阳 S62	¥12,000.00	6	¥72,000.00	刘一鹏
18	K018	2005/3/4	台式机	方正	商祺 N26	¥4,600.00	20	¥92,000.00	丁香
19	K019	2005/3/4	台式机	联想	天骄 E50	¥8,500.00	18	¥153,000.00	刘一鹏
20	K020	2005/4/20	服务器	联想	万全 T35	¥32,200.00	2	¥64,400.00	胡倩倩
21	K021	2005/4/20	笔记本电脑	方正	T660	¥14,000.00	8	¥112,000.00	林海
22	K022	2005/4/20	台式机	方正	商祺 320	¥7,600.00	20	¥152,000.00	张帆
23	K023	2005/4/21	台式机	联想	锋行 K70	¥7,600.00	22	¥167,200.00	刘一鹏
24	K024	2005/4/21	服务器	IBM	xSeries	¥24,300.00	4	¥97,200.00	张帆
25	K025	2005/4/21	服务器	联想	万全 T35	¥32,200.00	6	¥193,200.00	丁香
26	K026	2005/4/21	台式机	方正	商祺 320	¥7,600.00	26	¥197,600.00	胡倩倩
27	K027	2005/5/18	笔记本电脑	联想	昭阳 S62	¥12,000.00	4	¥48,000.00	林海
28	K028	2005/5/18	台式机	联想	锋行 K70	¥7,600.00	30	¥228,000.00	丁香
29	K029	2005/5/18	服务器	IBM	X255 868	¥47,100.00	5	¥235,500.00	胡倩倩

计算机销售记录表 / 工资表 / 产品销售记录单

图 5-81　数据分析清单

实训 4　成绩分析

操作要求

（1）打开“学生成绩单 .xlsx”工作簿（见图 5-82），对“第一学期期末成绩”工作表中的数据列表进行格式化操作：将第 1 列“学号”列设为文本格式，将所有成绩列设为保留 1 位小数的数值格式；适当加大行高和列宽，改变字体、字号，设置对齐方式，添加适当的边框和底纹使工作表更加美观。

	A	B	C	D	E	F	G	H	I	J	K	L
1	学号	姓名	班级	语文	数学	英语	生物	地理	历史	政治	总分	平均分
2	120305	包宏伟		91.5	89	94	92	91	86	86		
3	120203	陈万地		93	99	92	86	86	73	92		
4	120104	杜学江		102	116	113	78	88	86	73		
5	120301	符合		99	98	101	95	91	95	78		
6	120306	吉祥		101	94	99	90	87	95	93		
7	120206	李北大		100.5	103	104	88	89	78	90		
8	120302	李娜娜		78	95	94	82	90	93	84		
9	120204	刘康锋		95.5	92	96	84	95	91	92		
10	120201	刘鹏举		93.5	107	96	100	93	92	93		
11	120304	倪冬声		95	97	102	93	95	92	88		
12	120103	齐飞扬		95	85	99	98	92	92	88		
13	120105	苏解放		88	98	101	89	73	95	91		
14	120202	孙玉敏		86	107	89	88	92	88	89		
15	120205	王清华		103.5	105	105	93	93	90	86		
16	120102	谢如康		110	95	98	99	93	93	92		
17	120303	闫朝霞		84	100	97	87	78	89	93		
18	120101	曾令煊		97.5	106	108	98	99	99	96		
19	120106	张桂花		90	111	116	72	95	93	95		
20												
21												
22												
23												

第一学期期末成绩 / Sheet2 / Sheet3

图 5-82　学生成绩单

（2）利用“条件格式”功能进行下列设置：将语文、数学和英语 3 科中不低于 110 分的成绩所在的单元格以同一种颜色填充（所用颜色以不遮挡数据为宜），其他 4 科中高于 95 分的成绩以另一种颜色显示数据。

（3）通过函数计算第 1 个学生的总分及平均分，以公式复制的形式得到其他人的总分及平均分。

（4）从左往右数，“学号”列的第 3、4 位代表学生所在的班级。通过函数提炼出每个学生所在的班级并按下列对应关系将数据填写在“班级”列中：例如，“学号”的第 3、4 位为“01”代表 1 班，为“02”代表 2 班，为“03”代表 3 班。

（5）复制“第一学期期末成绩”工作表，将复制的工作表放到原工作表的右侧，改变工作表标签的颜色并将其重命名为“分类汇总”。

（6）通过分类汇总功能求出每个班各科的平均成绩，并使每组结果分页显示。

（7）以分类汇总结果为基础，创建一个簇状柱形图，对每个班各科的平均成绩进行比较，并将该图表放置在一个新工作表中。

实训 5　数据透视表的制作

操作要求

打开“数据透视表 .xlsx”工作簿，图 5-83 所示为某外贸公司的销售数据清单。清单以流水形式记录，包括日期、商品编号、销售额、销售员及国家等信息，时间跨度为 2019 年一整年，现要求如下。

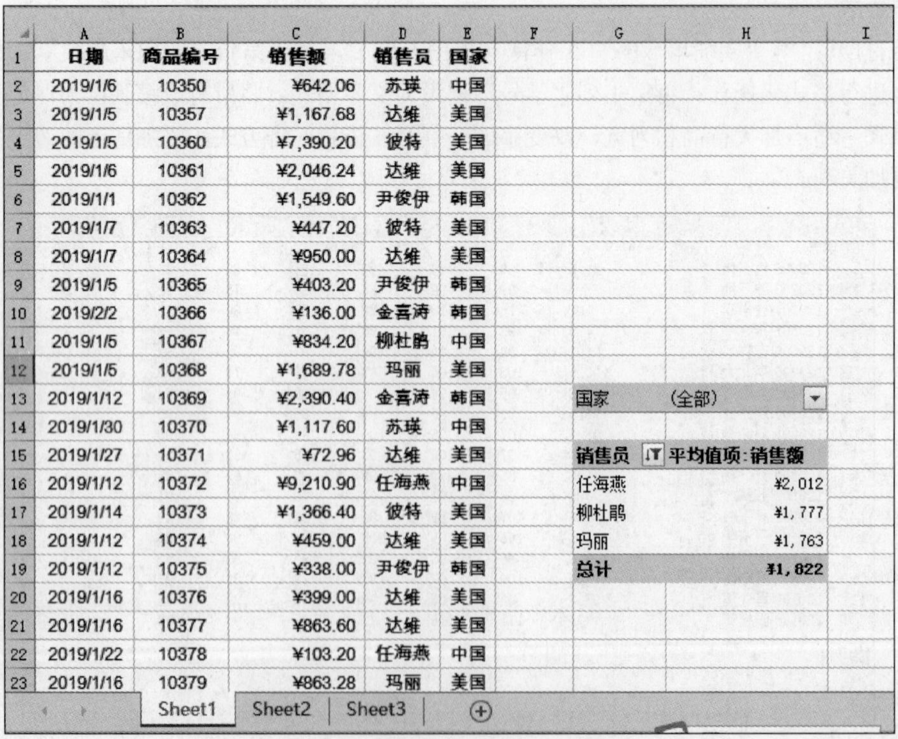

日期	商品编号	销售额	销售员	国家
2019/1/6	10350	¥642.06	苏瑛	中国
2019/1/5	10357	¥1,167.68	达维	美国
2019/1/5	10360	¥7,390.20	彼特	美国
2019/1/6	10361	¥2,046.24	达维	美国
2019/1/1	10362	¥1,549.60	尹俊伊	韩国
2019/1/7	10363	¥447.20	彼特	美国
2019/1/7	10364	¥950.00	达维	美国
2019/1/5	10365	¥403.20	尹俊伊	韩国
2019/2/2	10366	¥136.00	金喜涛	韩国
2019/1/5	10367	¥834.20	柳杜鹃	中国
2019/1/5	10368	¥1,689.78	玛丽	美国
2019/1/12	10369	¥2,390.40	金喜涛	韩国
2019/1/30	10370	¥1,117.60	苏瑛	中国
2019/1/27	10371	¥72.96	达维	美国
2019/1/12	10372	¥9,210.90	任海燕	中国
2019/1/14	10373	¥1,366.40	彼特	美国
2019/1/12	10374	¥459.00	达维	美国
2019/1/12	10375	¥338.00	尹俊伊	韩国
2019/1/16	10376	¥399.00	达维	美国
2019/1/16	10377	¥863.60	达维	美国
2019/1/22	10378	¥103.20	任海燕	中国
2019/1/16	10379	¥863.28	玛丽	美国

国家	(全部)
销售员	平均值项:销售额
任海燕	¥2,012
柳杜鹃	¥1,777
玛丽	¥1,763
总计	¥1,822

图 5-83　销售数据清单和制作的数据透视表

（1）在“Sheet1”工作表的 G15 单元格中创建数据透视表，统计每位销售员的平均销售额（以货币形式显示，保留整数）。

（2）按“销售额”降序排序，只显示前 3 名销售员，不同国家在不同页面显示，数据透视表效果如图 5-83 所示。

实训 6 动态图表的制作

操作要求

打开“动态图表的制作 .xlsx”工作簿，根据提供的数据表制作图 5-84 所示的各年费用支出统计图，要求如下。

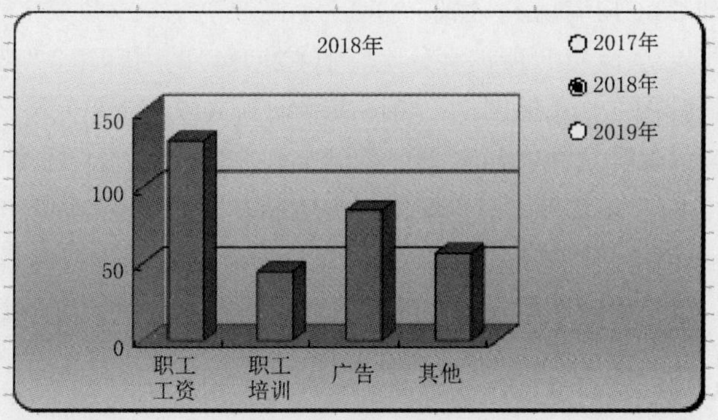

图 5-84 各年费用支出统计图

（1）制作三维簇状柱形图，分类轴有职工工资、职工培训、广告和其他。

（2）单击右上角的选项按钮，图表即显示相应年份的费用支出情况。

（3）适当美化图表。

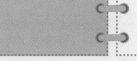

综合练习

练习 1

打开“上机文件 \ 项目五 \ 综合练习 \ 练习 1 文件夹”，完成下列操作。

（1）打开“EXCEL.xlsx”工作簿。

① 将“Sheet1”工作表的 A1:D1 单元格区域合并为一个单元格，内容水平居中；计算职工的平均年龄并将结果置于 C13 单元格内（数值型，保留小数点后 1 位）；计算职称为高工、工程师和助工的人数并将结果置于 G5:G7 单元格区域（利用 COUNTIF 函数）。

② 选中“职称”列（F4:F7）和“人数”列（G4:G7）数据区域的内容建立“三维簇状柱形图”，图标题为“职称情况统计图”，删除图例；将图表移动到工作表的 A15:G28 单元格区域内，将工作表命名为“职称情况统计表”，保存文件。

（2）打开“EXC.xlsx”工作簿，为“图书销售情况表”工作表的内容建立数据透视表，行标签为“经销部门”，列标签为“图书类别”，求和项为“数量（册）”，将结果置于工作表的

H2:L7 单元格区域，工作表名不变，保存文件。

练习 2

打开“上机文件 \ 项目五 \ 综合练习 \ 练习 2 文件夹”，完成下列操作。

（1）打开“EXCEL.xlsx”工作簿。

① 将“Sheet1”工作表的 A1:D1 单元格区域合并为一个单元格，内容水平居中；计算“全年总量”行的数值（数值型，小数位数为 0），计算“所占百分比”列的数值（所占百分比 = 月销售量 / 全年总量，百分比型，保留小数点后 2 位）；如果“所占百分比”列的内容大于或等于 8%，在“备注”列内注明“良好”，否则内容为空（利用 IF 函数）；利用条件格式的“图标集”“三向箭头（彩色）”修饰 C3:C14 单元格区域。

② 选取“月份”列（A2:A14）和“所占百分比”列（C2:C14）的内容建立“带数据标记的折线图”，图标题为“销售情况统计图”，清除图例；将图表移动到 A17:F33 单元格区域内，将工作表命名为“销售情况统计表”，保存文件。

（2）打开“EXC.xlsx”工作簿，对“图书销售情况表”工作表的内容按主要关键字“季度”升序和次要关键字“经销部门”降序进行排列，对排序后的数据进行高级筛选（条件区域设在 A46:F47 单元格区域，将筛选条件写入条件区域的对应列），条件为少儿类图书且销售量排名在前 20 名（用“＜=20”），工作表名不变，保存文件。

练习 3

打开“上机文件 \ 项目五 \ 综合练习 \ 练习 3 文件夹”，完成下列操作。

（1）打开“EXCEL.xlsx”工作簿。

① 将“Sheet1”工作表的 A1:F1 单元格区域合并，内容水平居中；计算“预计销售额（元）”，给出“提示信息”列的内容，如果库存数量低于预订出的数量，注明“缺货”，否则注明“有库存”；利用单元格样式的“标题 1”修饰表标题，利用“输出”修饰表的 A2:F10 单元格区域；利用条件格式将“提示信息”列内的“缺货”文本设置为红色。

② 选择“图书编号”和“预计销售额（元）”两列的内容建立“簇状柱形图”，图标题为“预计销售额统计图”，图例位置靠上，将图表移动到 A12:E27 单元格区域内，将工作表命名为“图书销售统计表”，保存文件。

（2）打开“EXC.xlsx”工作簿，对“‘计算机动画技术’成绩单”工作表的内容进行筛选，条件是实验成绩 15 分及以上，总成绩 90 分及以上。工作表名不变，保存文件。

练习 4

打开“上机文件 \ 项目五 \ 综合练习 \ 练习 4 文件夹”完成下列操作。

（1）打开“EXCEL.xlsx”工作簿。

① 将“Sheet1”工作表的 A1:E1 单元格区域合并，内容水平居中；计算“成绩”列的内容（成绩 = 单选题数 ×2+ 多选题数 ×4），按成绩的降序得出“成绩排名”列的数据（利用 RANK 函数）；套用表格格式将 A2:A12 数据区域设置为“紫色，表样式中等深浅 5”。

② 选中“学号”列（A2:A12）和“成绩”列（D2:D12）的内容建立“三维柱形图”，图标题为“成绩统计图”，删除图例；将图表移动到 A14:E30 单元格区域内，将工作表命名为“成绩统计表”，保存文件。

（2）打开“EXC.xlsx”工作簿，对“图书销售情况表”工作表的内容进行筛选，条件为第四季度、计算机类或少儿类图书；对筛选后的数据清单按主要关键字“销售额（元）”降序和次要关键字“图书类别”降序进行排列，工作表名不变，保存文件。

练习 5

打开“上机文件 \ 项目五 \ 综合练习 \ 练习 5 文件夹”，完成下列操作。

（1）打开“EXCEL.xlsx”工作簿。

① 将“Sheet1”工作表的 A1:E1 单元格区域合并，内容水平居中；计算各职称的教师占总人数的百分比（百分比型，保留小数点后 2 位），计算各职称的出国人数占该职称人数的百分比（百分比型，保留小数点后 2 位）；利用条件格式“数据条”下的“蓝色数据条”填充 C3:C6 和 E3:E6 单元格区域。

② 选择“职称”“职称百分比”和“出国进修百分比”3 列内容建立“簇状柱形图”，图标题为“师资情况统计图”，图例位置靠上，将图表移动到 A8:E24 单元格区域内，将工作表命名为“师资情况统计表”，保存文件。

（2）打开“EXC.xlsx”工作簿，对“‘计算机动画技术’成绩单”工作表的内容进行排序，条件是主要关键字“系别”升序，次要关键字“考试成绩”降序，工作表名不变，保存文件。

练习 6

打开“上机文件 \ 项目五 \ 综合练习 \ 练习 6 文件夹”，完成下列操作。

（1）打开“EXCEL.xlsx“工作簿。

① 将“Sheet1”工作表的 A1:G1 单元格区域合并，内容水平居中；计算“月平均值”行的内容（数值型，保留小数点后 1 位）；计算“最高值”行的内容（3 年中各月的最高值，利用 MAX 函数）。

② 选取“月份”行（A2:G2）和“月平均值”行（A6:G6）的内容建立“带数据标记的折线图”，图标题为“月平均降雪量统计图”，删除图例；将图表移动到 A9:G23 单元格区域内，将工作表命名为“降雪量统计表”，保存文件。

（2）打开“EXCEL.xlsx”工作簿，对“产品销售情况表”工作表的内容按主要关键字“产品名称”升序和次要关键字“分店名称”升序进行排列，对排序后的数据进行分类汇总，分类字段为“产品名称”，汇总方式为“求和”，汇总项为“销售额（万元）”，将汇总结果显示在数据下方，工作表名不变，保存文件。

项目六

演示文稿处理软件PowerPoint 2016

模块一 简单幻灯片制作

案例示范 1 新建幻灯片

操作要求

（1）在第 1 张幻灯片的标题区输入“培训方案”，文字格式设置为华文新魏、68 磅，副标题为“人力资源部”。

（2）新建一张版式为“标题和内容”的幻灯片，在标题区输入“培训形式”。在内容区输入 3 行文本，文本的内容分别是“知识类”“技能类”和“态度”。将内容区的文字格式设置为华文楷体、40 磅，设置文本前缩进 6cm、行距为 1.5 倍，将文本左对齐，将项目符号修改为“◆”。

【样图】

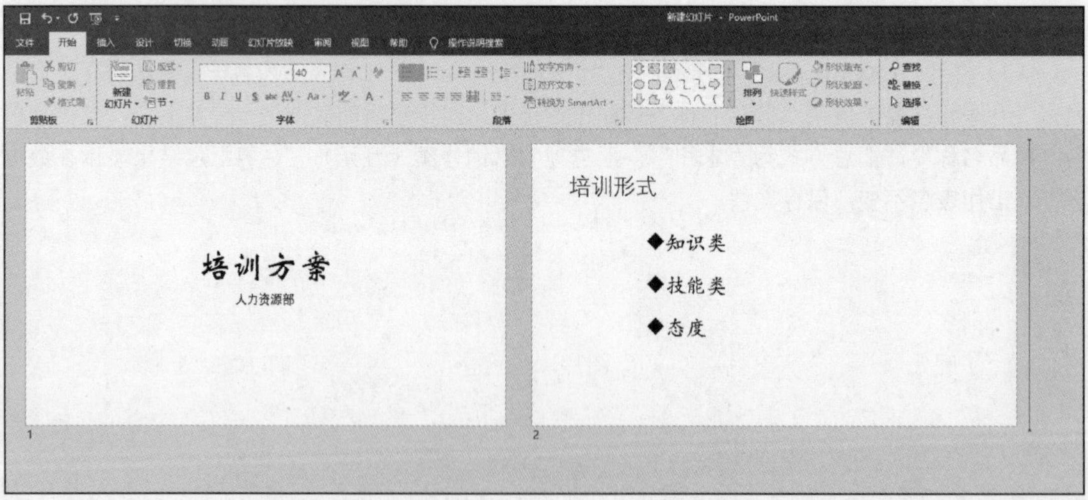

操作步骤

（1）打开 PowerPoint 应用程序，新建“空白演示文稿”。单击“标题”占位符边框，输入“培训方案”。选择“主标题”中的文本内容，单击“开始”选项卡，在“字体”功能区的“字体”下拉列表中选择“华文新魏”，在“字号”文本框中输入“68”。单击“副标题”占位符边框，输入“人力资源部”。

（2）执行“开始”→“新建幻灯片”→“Office 主题”→“标题和内容”命令，选择幻灯片版式。单击“标题”占位符边框，输入“培训形式”。单击“文本”占位符边框，输入 3 行文本，文本的内容分别是“知识类”“技能类”“态度”。选择“文本”占位符中的文本内容，单击“开始”选项卡，在“字体”功能区的“字体”下拉列表中选择“华文楷体”，在“字号”文本框中输入“40”。在“段落”功能区中单击右下角的“段落”按钮，在弹出的“段落”对话框中设置对齐方式为“左对齐”，缩进为“文本之前 6 厘米”，行距为“1.5 倍”。在“段落”功能区中，选择“项目符号”命令，在下拉菜单中选择项目符号“◆”。

案例示范 2　编辑幻灯片

操作要求

（1）新建一个使用“标题幻灯片”版式的演示文稿，设置幻灯片大小为“标准（4 ：3）”，删除“副标题”占位符。标题文本为“幻灯片的制作与设计”，将标题文本格式设置为华文新魏、60 磅。

（2）在第 1 张幻灯片中插入一个“横排文本框”，位置在水平 13.9cm、垂直 10.53cm 处，高度为 1.28cm，宽度为 7.4cm，输入文本“示范案例”，设置文本格式为华文新魏、24 磅，右对齐。

（3）使用母版，用“案例 2-1.jpg”图片作为标题幻灯片版式的背景，用“案例 2-2.jpg”图片作为其他版式幻灯片的背景。

（4）复制“案例 .pptx”演示文稿中的第 2 ～第 11 张幻灯片到本演示文稿的第 1 张幻灯片之后，并保留源格式。

（5）将第 2 张幻灯片的内容文本转换成 SmartArt 图形的“棱锥型列表”，SmartArt 样式为“白色轮廓”，更改颜色为“彩色填充，个性色 2”。

（6）在第 9 张幻灯片之后插入一张“Office 主题”的“空白”版式的幻灯片，将图片“案例 2-3.jpg”插入幻灯片中，调整大小（覆盖整个幻灯片）。

（7）在第 12 张幻灯片之后插入一张“Office 主题”的“空白”版式的幻灯片，插入“艺术字”，样式为“渐变填充 - 蓝色，着色 1，反射”，位置在水平 6.16cm、垂直 6.13cm 处，文本内容为“怎么就结束了呢？”，插入“案例 2-4.png”图片，位置在水平 22cm、垂直 10cm 处。

【样图】

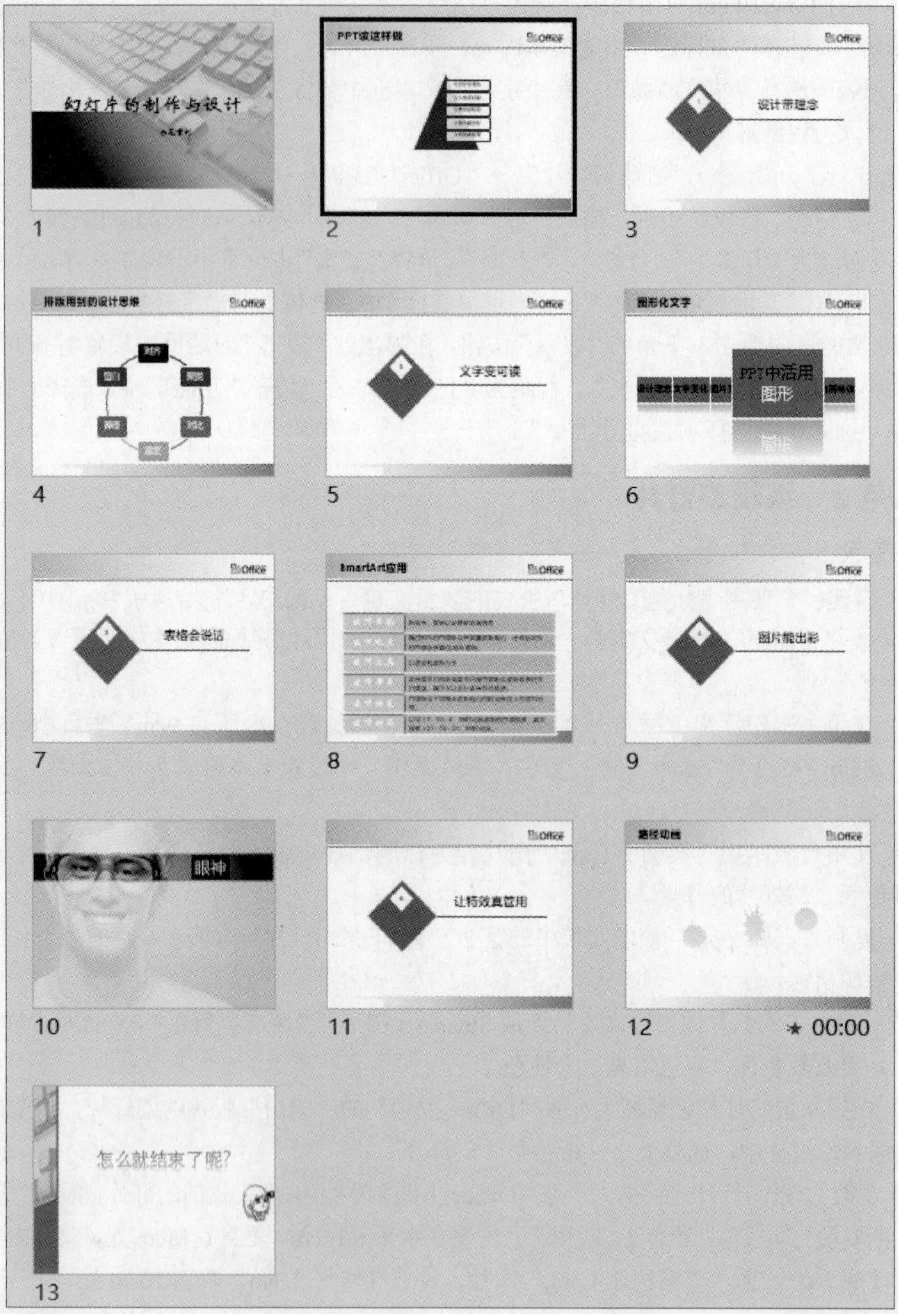

操作步骤

(1)打开 PowerPoint 应用程序，新建“空白演示文稿”。执行“设计”→“幻灯片大小”→“标准（4 : 3）”命令。选中“副标题”占位符边框，单击鼠标右键，在弹出的快捷菜单中选择“剪切”命令。单击“主标题”占位符中的文本，输入“幻灯片的制作与设计”。选择“主标题”中的文本内容，单击“开始”选项卡，在“字体”功能区的“字体”下拉列表中选择“华文新魏”，在“字号”文本框中输入“60”。

（2）执行“插入”→“文本框”→“横排文本框”命令。在幻灯片上的任意位置按住鼠标左键，拖出文本框后在其中输入“示范案例”。选择文本框中的“示范案例”文本，单击“开始”选项卡，在“字体”功能区的“字体”下拉列表中选择“华文新魏”，在“字号”文本框中输入“24”，在“段落”功能区中单击“右对齐”按钮。选择文本框，单击鼠标右键，在弹出的快捷菜单中选择“大小和位置”命令，然后在右栏“高度”文本框中输入“1.28 厘米”，在“宽度”文本框中输入“7.4 厘米”。在“水平位置”文本框中输入“13.9 厘米”，在“垂直位置”文本框中输入“10.53 厘米”。

（3）执行“视图”→“幻灯片母版”命令。选择左侧幻灯片版式窗格中的“标题幻灯片”版式，执行“插入”→“图片”命令，在弹出的“插入图片”对话框中选择“案例 2-1.jpg”文件，然后单击“插入”按钮。选择左侧幻灯片版式窗格中的“Office主题 幻灯片母版”版式，执行“插入”→“图片”命令，在弹出的“插入图片”对话框中选择“案例 2-2.jpg”文件，然后单击“插入”按钮。执行“幻灯片母版”→“关闭母版视图”命令。

（4）打开“案例 .pptx”演示文稿，选择第 2 ～第 11 张幻灯片，执行“开始”→“复制”命令，关闭该文稿。在任务栏中单击目标文稿，在文稿窗口左侧的“幻灯片 / 大纲”窗格中单击鼠标右键，在弹出的快捷菜单中选择“粘贴选项”→“保留源格式”命令。

（5）选择内容区的所有文本，单击鼠标右键，在弹出的快捷菜单中选择“转换成 SmartArt”→“棱锥型列表”命令。选择 SmartArt 图形，执行“SmartArt 工具”→“设计”→“SmartArt 样式”→“白色轮廓”命令。执行“SmartArt 工具”→“设计”→“更改颜色”→“彩色填充，个性色 2”命令。

（6）在“幻灯片 / 大纲”窗格中的第 9 张和第 10 张幻灯片之间单击，然后执行“开始”→“新建幻灯片”→“Office 主题”→“空白”命令，选择幻灯片版式。执行“插入”→“图片”命令，在弹出的“插入图片”对话框中选择“案例 2-3.jpg”文件，单击“插入”按钮，然后调整图片大小。

（7）将插入点放在演示文稿的最后，单击“开始”选项卡，在“新建幻灯片”下拉列表框的“Office 主题”中选择“空白”版式。执行“插入”→“文本”→“艺术字”命令，选择样式“渐变填充 - 蓝色，着色 1，反射”，并输入文本“怎么就结束了呢？”。选择艺术字边框，单击鼠标右键，在弹出的快捷菜单中选择“大小和位置”命令，在右栏“水平位置”文本框中输入“6.16 厘米”，在“垂直位置”文本框中输入“6.13 厘米”。执行“插入”→“图片”命令，在弹出的“插入图片”对话框中选择“案例 2-4. png”文件，弹出“插入图片”对话框。单击“插入”按钮，然后在幻灯片中选择图片，单击鼠标右键，在弹出的快捷菜单中选择“大小和位置”命令，在“水平位置”文本框中输入“22 厘米”，在“垂直位置”文本框中输入“10 厘米”。

实训集

实训 1

操作要求

（1）打开 PowerPoint 2016 应用程序，新建“空白演示文稿”。

（2）在第 1 张幻灯片的标题区输入“PPT 中的色彩配置”，将文本格式设置为华文新魏、54 磅，副标题为“色彩常识点滴”。

（3）新建一张版式为“标题和内容”的幻灯片，在标题区输入“PPT 背景与配色技巧”。在内容区输入 4 行文本，文本的内容分别是“色彩理论基础”“色彩搭配技巧”“幻灯片配色规律”“使用配色方案”。将文本格式设置为华文楷体、32 磅，文本之前缩进 4cm，行距为 1.5 倍，文本左对齐，将项目符号改为“◆”。

（4）新建一张版式为“仅标题”的幻灯片，在标题区输入“色彩理论基础”，插入一个竖排文本框，文本框中的文本为“两大色系”，字体为华文楷体，字号为 44 磅，设置文字颜色为“蓝色，个性色 1”，文本框的位置在水平 6.6cm（自：左上角）、垂直 7.13cm（自：左上角）处，高度为 8.4cm，宽度为 2.39cm。

（5）在第 3 张幻灯片中插入一个“上下箭头”形状，位置在水平 14cm（自：左上角）、垂直 6.33cm（自：左上角）处，高度为 10.4cm，宽度为 10.4cm。在形状上添加两行文字，内容分别为“无色系”和“彩色系”，字体设置为华文新魏，字号为 54 磅，行距为 1.5 倍。

（6）使用“积分”主题修饰全文。

（7）新建一张版式为“仅标题”的幻灯片，在标题区输入“色彩理论基础”，在最后一张幻灯片中插入备注“幻灯片中输入文本一般有占位符中输入文本、文本中输入文本、图形上添加文本、大纲视图中输入文本、备注中输入文本等。”

（8）保存所有操作，存盘退出。

【样图】

实训 2

操作要求

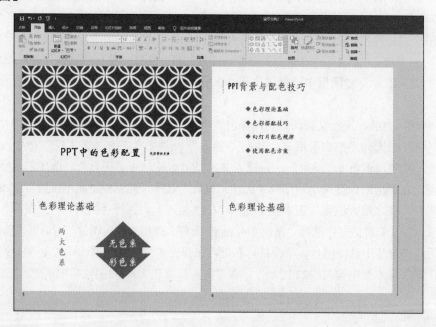

（1）打开“实训 2.pptx”演示文稿，将第 4 张幻灯片的版式改为“标题和内容”，在内容区

域输入 7 行文本，文本内容分别为“活跃、热情、勇敢、爱情、健康、野蛮”“富饶、充实、未来、友爱、豪爽、积极”“智慧、光荣、忠诚、希望、喜悦、光明”“公平、自然、和平、幸福、理智、幼稚”“自信、永恒、真理、真实、沉默、冷静”“权威、尊敬、高贵、优雅、信仰、孤独”“神秘、寂寞、黑暗、压力、严肃、气势”。

（2）复制第 3 张幻灯片，粘贴在第 4 张幻灯片之后，使之成为第 5 张幻灯片。

（3）删除第 5 张幻灯片中除标题外的所有内容，将版式改为“比较”，左、右侧的小标题为“无色系（黑白灰）”和“彩色系”。将“实训 2-1.png”和“实训 2-2.png”两张图片分别插入左、右两侧的内容区，并将大标题内容改为“两大色系”。

（4）在演示文稿的最后新建一张版式为“标题和内容”的幻灯片，标题为“色彩理论基础”，内容区的 4 行文本为“两大色系”“色彩构成的三大要素”“色彩搭配技巧”和“幻灯片配色规律”。

（5）移动第 5 张幻灯片，使之成为第 3 张幻灯片，并删除第 4 张幻灯片。

（6）将最后一张幻灯片内容区的文本格式设置为华文隶书、28 磅，文字方向为“竖排”，行距为“双倍行距”，无项目符号。形状的高度为 10.23cm，宽度为 20.58cm，位置在水平 6cm（自：左上角）、垂直 6.35cm（自：左上角）处。形状文本框内部的边距为左 0.25cm、上 0.13cm、右 5.3cm、下 0.13cm。

（7）移动最后一张幻灯片，使之成为第 3 张幻灯片，隐藏第 5 张幻灯片。

（8）在演示文稿的最后新建一张版式为“标题和内容”的幻灯片，标题为“色彩的含义”，在内容区插入样式为“深色样式 2”的 2 列 7 行的表格。表格样式为“镶边行”，表格行高为 1.5cm，第 1 列宽为 3cm，第 2 列宽为 18.5cm。表格样式效果：阴影为“右上透视”，单元格凹凸效果为“圆形”棱台。表格第 1 列第 1 ～第 7 行的内容分别为“红”“橙”“黄”“绿”“蓝”“紫”“黑”，第 1 列的文本格式为华文楷体、28 磅，中部居中对齐。将第 5 张幻灯片内容区的文本填入表格第 2 列的第 1 ～第 7 行，并将文本格式设置为华文中宋、24 磅，中部居中对齐。

（9）最后一张幻灯片选用“回顾”主题修饰，文本为蓝色，保存文件。

【样图】

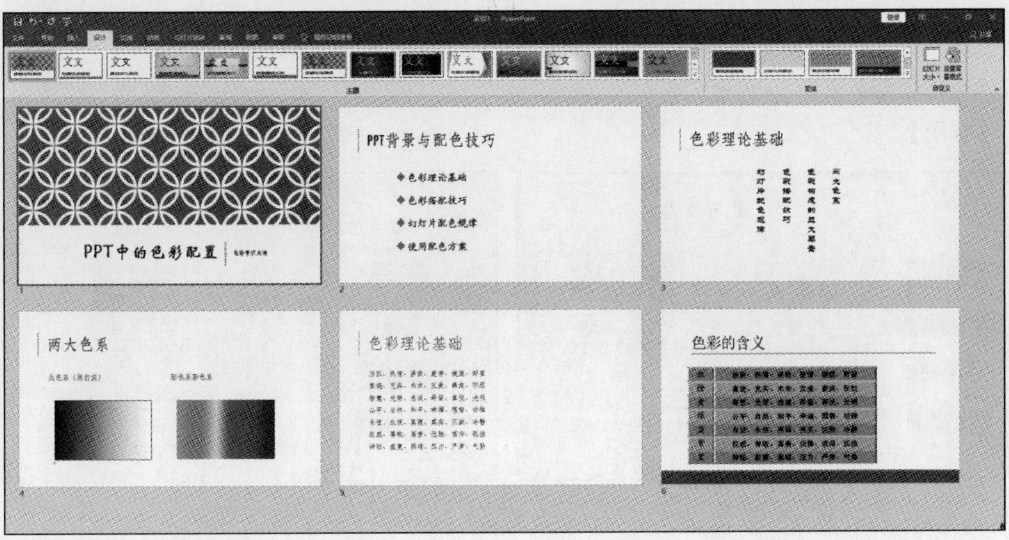

实训 3

操作要求

（1）在第 1 张幻灯片前插入版式为“标题幻灯片”的新幻灯片，主标题为“全国 95% 以上乡镇开通宽带”，设置文本格式为黑体、48 磅，加粗，蓝色（RGB：红色 0、绿色 0、蓝色 250）；副标题为“村村通工程”，设置文本格式为仿宋、35 磅。

（2）将第 2 张幻灯片的版式改为“两栏内容”，并将第 3 张幻灯片的图片移到第 2 张幻灯片的右侧区域。删除第 3 张幻灯片，将第 2 张幻灯片的文本设置为 24 磅。

（3）用母版方式在所有幻灯片的右下角插入“实训 4.jpg”图片，高度为 3.7cm，宽度为 5.5cm。

（4）使用“网状”主题修饰全文。

【样图】

实训 4

操作要求

（1）制作“公司宣传 .pptx”演示文稿，首先编辑幻灯片母版，版式为“标题和内容”。具体要求如下。

① 将母版背景设为蓝色面巾纸纹理效果，在左上角的适当位置插入形状“月亮和星星”，并适当旋转（见【样图】），将填充颜色设为酸橙色（RGB：红色 153，绿色 204，蓝色：0），将线条颜色设为黄色。

【样图】

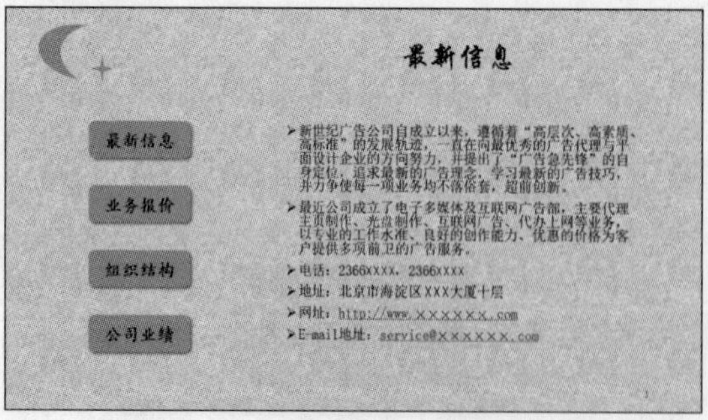

第 1 张幻灯片

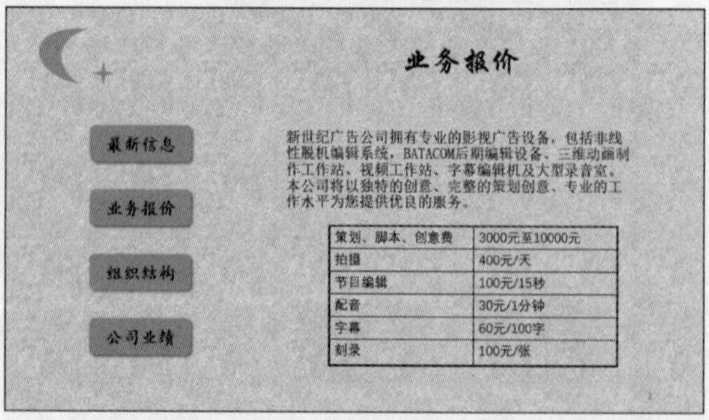

第 2 张幻灯片

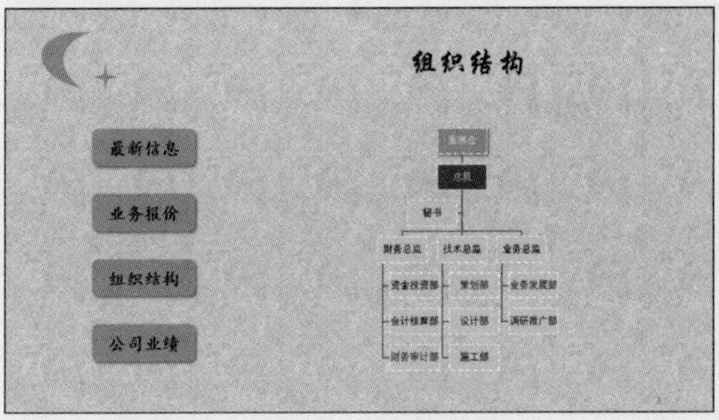

第 3 张幻灯片

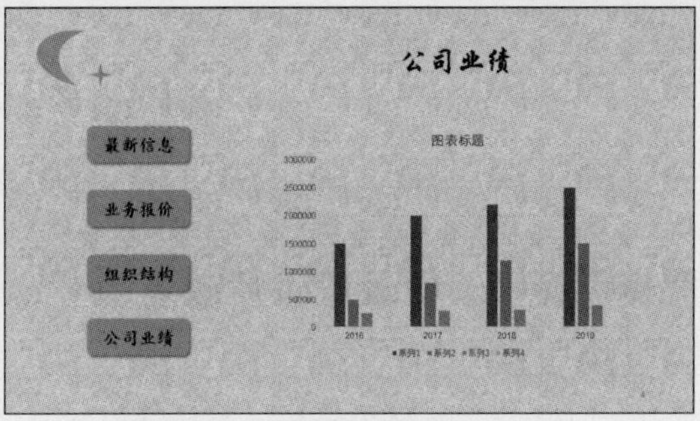

第 4 张幻灯片

② 插入圆角矩形，将其放在左侧的适当位置。将填充颜色设为酸橙色，无线条颜色，设置外部右下偏移阴影效果，添加文本“最新信息”，文本格式设为楷体、24 号、黑色。用同样的方法将其余的圆角矩形及文字添加上去。

③ 插入圆角矩形，将填充颜色设为无，线条颜色设为黄色，线条粗细设为 3 磅。

④ 将母版标题格式设为华文行楷、40 号，文本格式设为宋体、20 号，项目符号设为“●”，将标题移到圆角矩形之上，将文本移到圆角矩形之中。

⑤ 关闭母版。

（2）插入第 1 张版式为“标题和内容”的幻灯片，输入标题“最新信息”和文本（见【样图】）。

（3）插入第 2 张幻灯片，版式为“标题和内容”，输入标题“业务报价”和文本（见【样图】）。

（4）插入第 3 张幻灯片，版式为“标题和内容”，输入标题“组织结构”，输入组织结构图；将“董事长”图框设置为外部右下斜偏移阴影效果，浅绿色；将“总裁”图框设置为蓝色；其余图框设置为黄色，文本为黑色。

（5）插入第 4 张幻灯片，版式为“标题和内容”，输入标题“公司业绩”，建立图表，图表数据如表 6-1 所示。

表 6–1　图表数据

	2016 年	2017 年	2018 年	2019 年
主营业务额	1 500 000 元	2 000 000 元	2 200 000 元	2 500 000 元
其他业务额	500 000 元	800 000 元	1 200 000 元	1 500 000 元
利润	250 000 元	300 000 元	320 000 元	400 000 元

（6）插入幻灯片编号。

模块二　动态幻灯片制作

案例示范 1　动画与切换效果

操作要求

（1）打开“案例 1.pptx”演示文稿。

（2）使用“花纹”主题修饰全文，将全部幻灯片的切换方案设置为“时钟”，“效果”选项设置为“逆时针”。

（3）在第 1 张幻灯片之后插入版式为“标题幻灯片”的新幻灯片，主标题输入“故宫博物院”，字号设置为 53 磅；副标题输入“世界上现存规模最大、最完整的古代皇家建筑群”，将背景设置为“胡桃”纹理并隐藏背景图像。

（4）在第 1 张幻灯片之前插入版式为“两栏内容”的新幻灯片。将“案例 -1.png”图片插入第 1 张幻灯片左侧的内容区，图片动画设置为“进入”→“轮子”，“效果”选项为“4 根轮辐”。将第 2 张幻灯片的首段文本移入右侧内容区。

（5）将第 2 幻灯片的版式改为“两栏内容”，将原文本全部移入左侧的内容区，将字号设置为 19 磅。将“案例 -2.png”图片插入第 2 张幻灯片右侧的内容区。最后将第 3 张幻灯片移至第 1 张幻灯片。

【样图】

操作步骤

（1）打开“案例 1.pptx”演示文稿。

（2）执行“设计”选项卡→“主题”→“花纹”命令。执行“切换”→“切换到此幻灯片”→“其他”→“时钟”命令。执行“切换”→“切换到此幻灯片”→“效果选项”→“逆时针”命令。

（3）将插入点移到第 1 张幻灯片之后，执行“开始”→“幻灯片”→“新建幻灯片”→“标题幻灯片”命令。在主标题占位符中输入“故宫博物院”，选择文本“故宫博物院”，执行“开始”→“字体”→“字体”命令，在弹出的“字体”对话框的“大小”文本框中输入“53”。在副标题占位符中输入“世界上现存规模最大、最完整的古代皇家建筑群”。执行“设计”→“背景”→“设置背景格式”命令，在左栏选中“图片或纹理填充”单选钮和“隐藏背景图像”复选框，在“纹理”下拉列表中选择“胡桃”选项。

（4）将插入点放在第 1 张幻灯片之前，执行“开始”→“幻灯片”→“新建幻灯片”→“两栏内容”命令。单击左侧内容区中的“图片”图标，在弹出的“插入图片”对话框中选择“案例 -1.png”图片，单击“打开”按钮；执行“动画”→“动画”→“轮子”命令，执行“动画”→“动画”→“效果选项”→“4 根轮辐”命令。选择第 2 张幻灯片，选择首段文本，执行“开始”→“剪贴板”→“剪切”命令，选择第 1 张幻灯片左侧的内容区，执行“开始”→“剪贴板”→“粘贴”命令。

（5）选择第 2 张幻灯片，执行“开始”→“幻灯片”→“版式”→“两栏内容”命令。选择幻灯片中的文本，执行“开始”→“剪贴板”→“剪切”命令，将插入点置于左侧内容区，执行“开始”→“剪贴板”→“粘贴”命令。单击右侧内容区中的“图片”图标，在弹出的“插入图片”对话框中选择“案例 -2.png”图片，单击“打开”按钮。选择第 3 张幻灯片，按住鼠标左键将其拖至第 1 张幻灯片之前。

案例示范 2　幻灯片的交互控制

操作要求

（1）打开“案例 2.pptx”演示文稿，将“轻音乐 .mp3”插入第 1 张幻灯片的页面之外，将“音频”选项设置为“开始：跨幻灯片播放，循环播放，直到停止”。

（2）选择第 2 张幻灯片，为“让设计带理念”文本插入超链接，超链接目标为“本文档的第 3 张幻灯片”；给第 2 张幻灯片上的文本“让文字变可读”插入超链接，超链接目标为“本文档的第 5 张幻灯片”；给文本“让表格会说话”插入超链接，超链接目标为“本文档的第 7 张幻灯片”；给文本“图片能出彩”插入超链接，超链接目标为“本文档的第 9 张幻灯片”；给文本“让特效真管用”插入超链接，超链接目标为“本文档的第 11 张幻灯片”。

（3）将所有幻灯片的切换效果设置为“擦除”。

（4）将第 2 张幻灯片的 SmartArt 图形和标题的动画设置为“进入”→“飞入”，“飞入”的效果为“自右侧”，顺序为先标题后 SmartArt 图形，SmartArt 图形的动画“飞入”开始于“上一动画之后”。

（5）将第 3 张幻灯片“设计带理念”文本的动画设置为“向下弧线”的动作路径，再添加一个动画路径为“向下弧线”的动画，并设置为“反转路径方向”效果，开始于“上一动画之后”。用动画刷设置第 5、第 7、第 9、第 11 张幻灯片上的“让文字变可读”“让表格会说话”“让图片能出彩”“让特效真管用”文本框与第 3 张幻灯片中的文本框具有相同的动画。

（6）将第 4 张幻灯片的内容占位符的动画设置为“进入”→“翻转式由远到近”，添加内容占位符动画“强调”→“陀螺旋”和“退出”→“收缩并旋转”，“效果”选项为“上一动画之后”。

【样图】

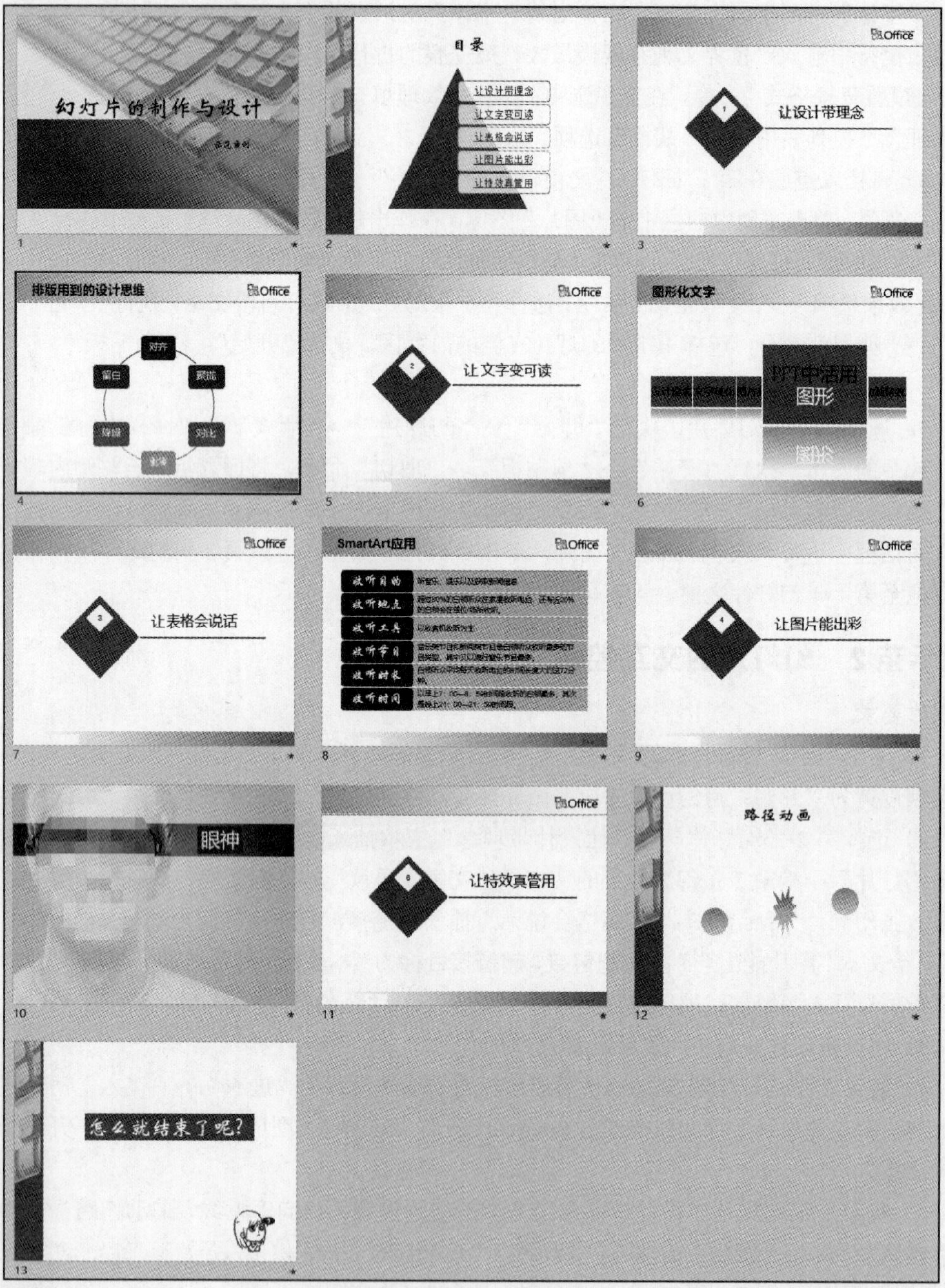

操作步骤

（1）打开“案例 2.pptx”演示文稿。选择第 1 张幻灯片，执行“插入”→“媒体”→“音频”命令。在“插入音频”对话框中选择“轻音乐 .mp3”，单击“插入”按钮。选择幻灯片上插入“音频”的图标，按住鼠标左键将“音频”图标拖至幻灯片页面之外。执行“音频工具”→“播放”→“音频选项”→“开始”→“跨幻灯片播放”→“循环播放，直到停止”命令。

（2）选择第 2 张幻灯片中的文本“让设计带理念”，执行“插入”→“链接”→“链接”命令，在弹出的“插入超链接”对话框中选择“本文档中的位置”的第 3 张幻灯片。选择第 2 张幻灯片中的文本“让文字变可读”，执行“插入”→“链接”→“链接”命令，在弹出的“插入超链接”对话框中选择“本文档中的位置”的第 5 张幻灯片。选择第 2 张幻灯片中的文本“让表格会说话”，执行“插入”→“链接”→“链接”命令，在弹出的“插入超链接”对话框中选择“本文档中的位置”的第 7 张幻灯片。选择第 2 张幻灯片中的文本“让图片能出彩”，执行“插入”→“链接”→“链接”命令，在弹出的“插入超链接”对话框中选择“本文档中的位置”的第 9 张幻灯片。选择第 2 张幻灯片中的文本“让特效真管用”，执行“插入”→“链接”→“链接”命令，在弹出的“插入超链接”对话框中选择“本文档中的位置”的第 11 张幻灯片。

（3）执行“切换”→“切换到此幻灯片”→“擦除”命令。执行“计时”→“全部应用”命令。

（4）选择标题，执行“动画”→“动画”→“飞入”命令。执行“效果选项”→“自右侧”命令。选择“SmartArt”图形，执行“动画”选项卡→“动画”→“飞入”命令，执行“效果选项”→“自右侧”命令，在弹出的“飞入”对话框的“计时”选项卡下的“开始”下拉列表中选择“上一动画之后”选项。

（5）选择第 3 张幻灯片中的文本框，执行“动画”→“动画”→“其他”→“其他动作路径”命令，在弹出的“更改动作路径”对话框中选择“向下弧线”选项。执行“高级动画”→“添加动画”命令，在弹出的“添加动作路径”对话框中选择“向下弧线”选项，执行“动画”→“效果选项”→“反转路径方向”命令，执行“动画”→“显示其他效果选项”命令，在弹出的“向下弧线”对话框“计时”选项卡中的“开始”下拉列表中选择“上一动画之后”选项。选择第 3 张幻灯片的“让设计带理念”文本框，执行“动画”→“动画刷”命令，选择第 5 张幻灯片，单击“让文字变可读”文本框。选择第 3 张幻灯片中的“让设计带理念”文本框，执行“动画”→“动画刷”命令，选择第 7 张幻灯片，单击“让表格会说话”文本框。选择第 3 张幻灯片中的“让设计带理念”文本框，执行“动画”→“动画刷”命令，选择第 9 张幻灯片，单击“让图片能出彩”文本框。选择第 3 张幻灯片中的“让设计带理念”文本框，执行“动画”→“动画刷”命令，选择第 11 张幻灯片，单击“让特效真管用”文本框。

（6）单击第 4 张幻灯片，选择“SmartArt”图形，执行“动画”→“动画”→“其他”→“更多进入效果”命令，在弹出的“更改进入动画”对话框中选择“翻转式由远到近”选项。执行“高级动画”→“添加动画”→“更多强调效果”命令，在弹出的“添加强调效果”对话框中选择“陀螺旋”选项。执行“高级动画”→“添加动画”→“更多退出效果”命令，在弹出的“添加退出效果”对话框中选择“收缩并旋转”选项，执行“动画”→“显示其他效果选项”命令，在弹出的“收缩并旋转”对话框的“计时”选项卡中的“开始”下拉列表中选择“上一动画之后”选项。

实训集

实训 1

操作要求

（1）打开“实训 1.pptx”演示文稿，为全部幻灯片应用“离子会议室”主题，将切换效果设置为“页面卷曲”，“效果”选项设为“单左”。

（2）将第 1 张幻灯片的版式改为“两栏内容”。

（3）将第 2 张幻灯片中的图片移到第 1 张幻灯片右侧的内容区，将图片的动画效果设置为“进入”→“缩放”，“效果”选项设置为“幻灯片中心”。文本的动画效果设置为“进入”→“飞入”，方向效果为“自底部”“作为一个对象”。动画的顺序为“先文本后图片”。

（4）将第 3 张幻灯片的版式改为“标题幻灯片”，主标题为“宽带网设计战略”，副标题为“实现效益的一种途径”，主标题的文本格式为黑体、加粗、55 磅，并将该幻灯片移动至第 1 张幻灯片。

（5）删除第 3 张幻灯片。

【样图】

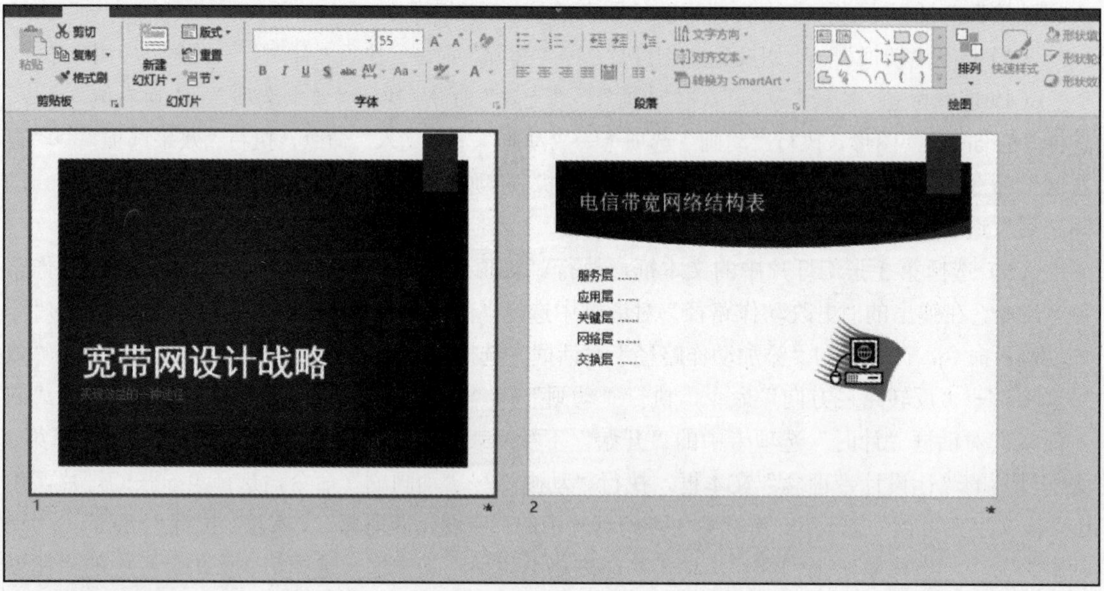

实训 2

操作要求

（1）打开“实训 2.pptx”演示文稿，为整个演示文稿应用“平面”主题。

（2）在第 1 张幻灯片前插入版式为“标题和内容”的新幻灯片，标题为“公共交通工具逃生指南”。在内容区插入一个 3 行 2 列的表格，第 1 列的第 1、第 2、第 3 行的内容依次为“交通工具”“地铁”“公交车”，第 1 行第 2 列的内容为“逃生方法”。将第 4 张幻灯片内容区的文本移到表格的第 3 行第 2 列（取消项目符号），将第 5 张幻灯片内容区的文本移到表格的第 2 行第 2 列。表格样式为“中度样式 3- 强调 2”。

（3）在第 1 张幻灯片前插入版式为“标题幻灯片”的新幻灯片，主标题为“公共交通工具逃生指南”，将文本设置为黑体、43 磅、红色（RGB：红色 193、绿色 0、蓝色 0）；副标题为“专家建议”，将文本设置为楷体、27 磅。

（4）将第 4 张幻灯片的版式改为“两栏内容”，将“实训 2.png”图片插入第 4 张幻灯片的内容区，标题为“缺乏安全出行基本常识”。将图片的动画设置为“进入”→“玩具风车”。将第 4 张幻灯片移到第 2 张幻灯片之前，删除第 4 张、第 5 张、第 6 张幻灯片。

【样图】

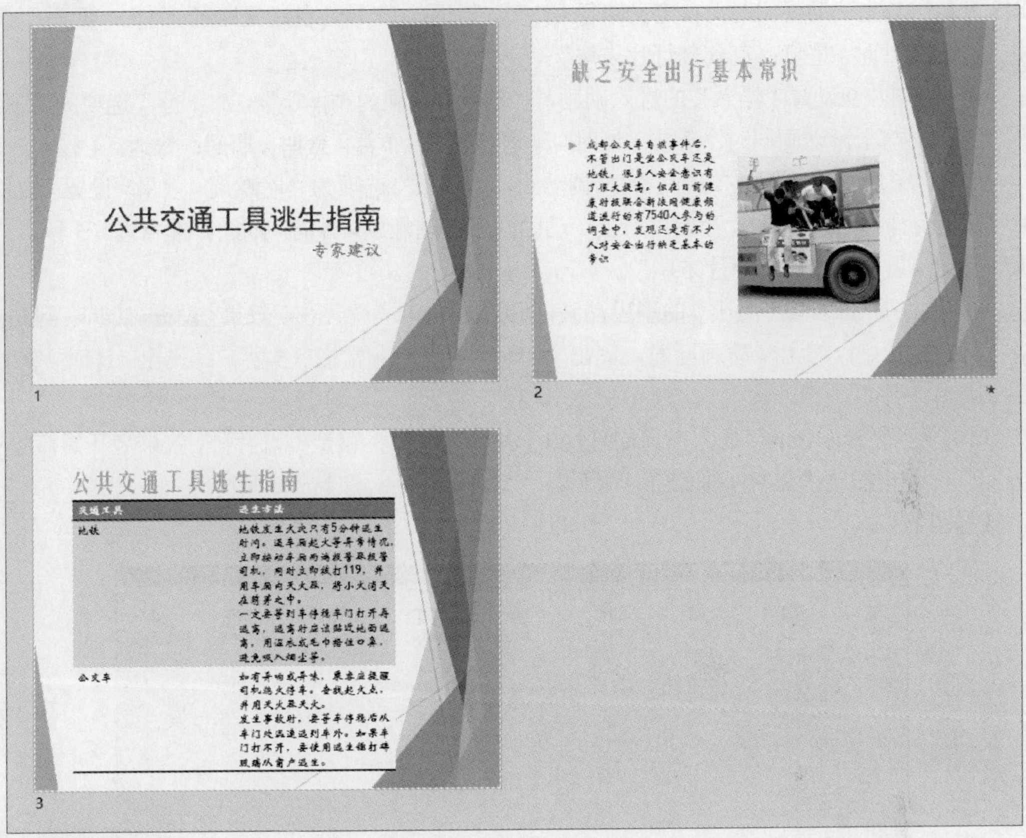

实训 3

操作要求

（1）打开“实训 3.pptx”演示文稿。

（2）给图片 9 添加动画路径为“直线”的动画，方向为从左到右，一直到幻灯片右侧外。“动画效果”选项为“向右”，“向右”选项为“向右 - 计时 - 开始：与上一动画同时；向右 - 计时 - 期间：8 秒；向右 - 计时 - 重复：直到幻灯片末尾”。

（3）给图片 11 添加向左的“直线”动作路径动画，“动画效果”选项为“向左”，“向左”选项为“向左 - 计时 - 开始：与上一动画同时；向左 - 计时 - 期间：10 秒，向左 - 计时 - 重复：直到幻灯片末尾”。

（4）给图片 35 设置“浮入”的进入动画，“效果”选项为“下浮”，“下浮”选项为“下浮 - 计时 - 开始：与上一动同时；下浮 - 计时 - 期间：快速（1 秒）”。

（5）给图片 41 设置“自定义路径”动画，路径为从下到上的曲线，“自定义路径”选项为“自定义路径 - 效果 - 设置 - 平滑开始：6 秒；自定义路径 - 效果 - 设置 - 平滑结束：6 秒；自定义路径 - 计时 - 开始：与上一动画同时，自定义路径 - 计时 - 期间：12 秒，自定义路径 - 计时 - 重复：直到幻灯片末尾”。

（6）给图片 40 设置“自定义路径”动画，路径为从下到上的曲线，“自定义路径”选项为“自定义路径 - 效果 - 设置 - 平滑开始：4 秒；自定义路径 - 效果 - 设置 - 平滑结束：4 秒；自定义路径 - 计时 - 开始：与上一动画同时；自定义路径 - 计时 - 延迟：0.5 秒，自定义路径 - 计时 - 期间：8 秒，自定义路径 - 计时 - 重复：直到幻灯片末尾”。

（7）给图片 9 设置“浮入”的进入动画，“效果”选项为“下浮”，“下浮”选项为“下浮 - 计时 - 开始：与上一动画同时；下浮 - 计时 - 延迟：2 秒；下浮 - 计时 - 期间：快速（1 秒）”。

（8）给图片 59 设置“陀螺旋”的强调动画，“效果”选项为“陀螺旋 - 效果 - 设置 - 数量：360° 顺时针；陀螺旋 - 计时 - 开始：与上一动画同时；陀螺旋 - 计时 - 期间：非常慢（5 秒）；陀螺旋 - 计时 - 重复：直到幻灯片末尾”。

（9）给图片 35 设置“飞出”的退出动画，“效果”选项为“飞出 - 效果 - 设置 - 方向：到左侧；飞出 - 计时 - 开始：与上一动画同时，飞出 - 计时 - 期间：非常慢（5 秒）；飞出 - 计时 - 重复：直到幻灯片末尾”。

（10）将“轻音乐 .mp3”插入当前幻灯片中，并将声音图标移至幻灯片外，效果为开始播放“从头开始”，停止播放“在 999 张幻灯片之后”“计时 - 开始 - 与上一动画同时”。

【样图】

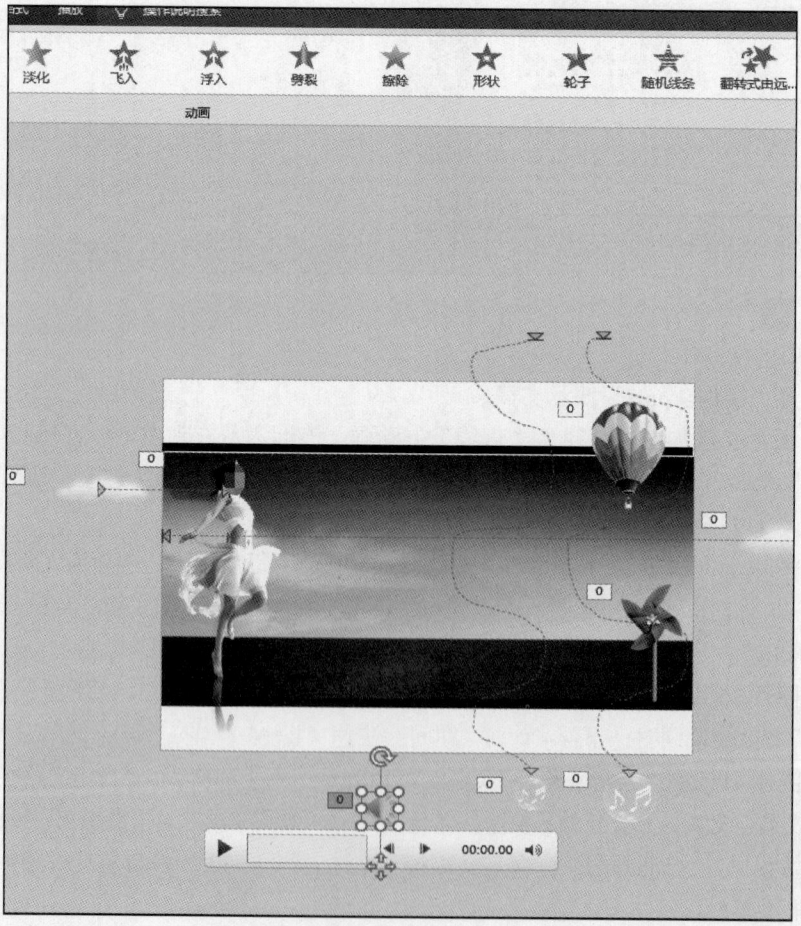

模块三 幻灯片的放映

案例示范 幻灯片的放映

操作要求

（1）打开“案例 .pptx”演示文稿，建立一个名为“我的播放”的自定义放映，按先后顺序分别将第 1 张、第 2 张、第 3 张、第 4 张、第 2 张、第 5 张、第 6 张、第 7 张、第 2 张、第 8 张、第 9 张、第 2 张、第 10 张、第 11 张、第 2 张、第 12 张、第 13 张、第 2 张、第 14 张、第 15 张、第 2 张、第 16 张、第 17 张、第 18 张幻灯片添加到自定义放映列表中。

（2）取消所有幻灯片的“单击鼠标时”切换方式，并设置“设置自动换片时间：00:03:00”。

（3）设置幻灯片的放映方式为“观众自行浏览”，观看演示文稿的播放效果。

（4）将该演示文稿转换为“PowerPoint 放映（* . ppsx）”的文件格式并以“案例”为名保存在同一目录中。

操作步骤

（1）打开“案例 .pptx”演示文稿。

执行“幻灯片放映”→“开始幻灯片放映”→“自定义幻灯片放映”命令。在弹出的“自定义放映”对话框中选择“新建”选项，在弹出的“定义自定义放映”对话框的“幻灯片放映名称”文本框中输入“我的播放”。在左栏按先后顺序分别将第 1 张、第 2 张、第 3 张、第 4 张、第 2 张、第 5 张、第 6 张、第 7 张、第 2 张、第 8 张、第 9 张、第 2 张、第 10 张、第 11 张、第 2 张、第 12 张、第 13 张、第 2 张、第 14 张、第 15 张、第 2 张、第 16 张、第 17 张、第 18 张幻灯片添加到右侧的自定义放映列表中。

单击“确定”命令，再单击“确定”按钮。

（2）在“切换”选项卡的“计时”功能区中选择“鼠标单击时”复选框。然后选择“设置自动换片时间”复选框，并输入时间“00:03:00”，单击“全部应用”按钮。

（3）执行“幻灯片放映”→“设置”→“设置幻灯片放映”命令。在弹出的“设置放映方式”对话框的“放映类型”中选择“观众自行浏览”选项。在“放映幻灯片”选项中选择“自定义放映”，单击“确定”按钮并播放。

（4）执行“文件”→“另存为”命令，在弹出的“另存为”对话框中选择目录，输入文件名“案例”，保存类型选择“PowerPoint 放映”，单击“保存”命令。

【样图】

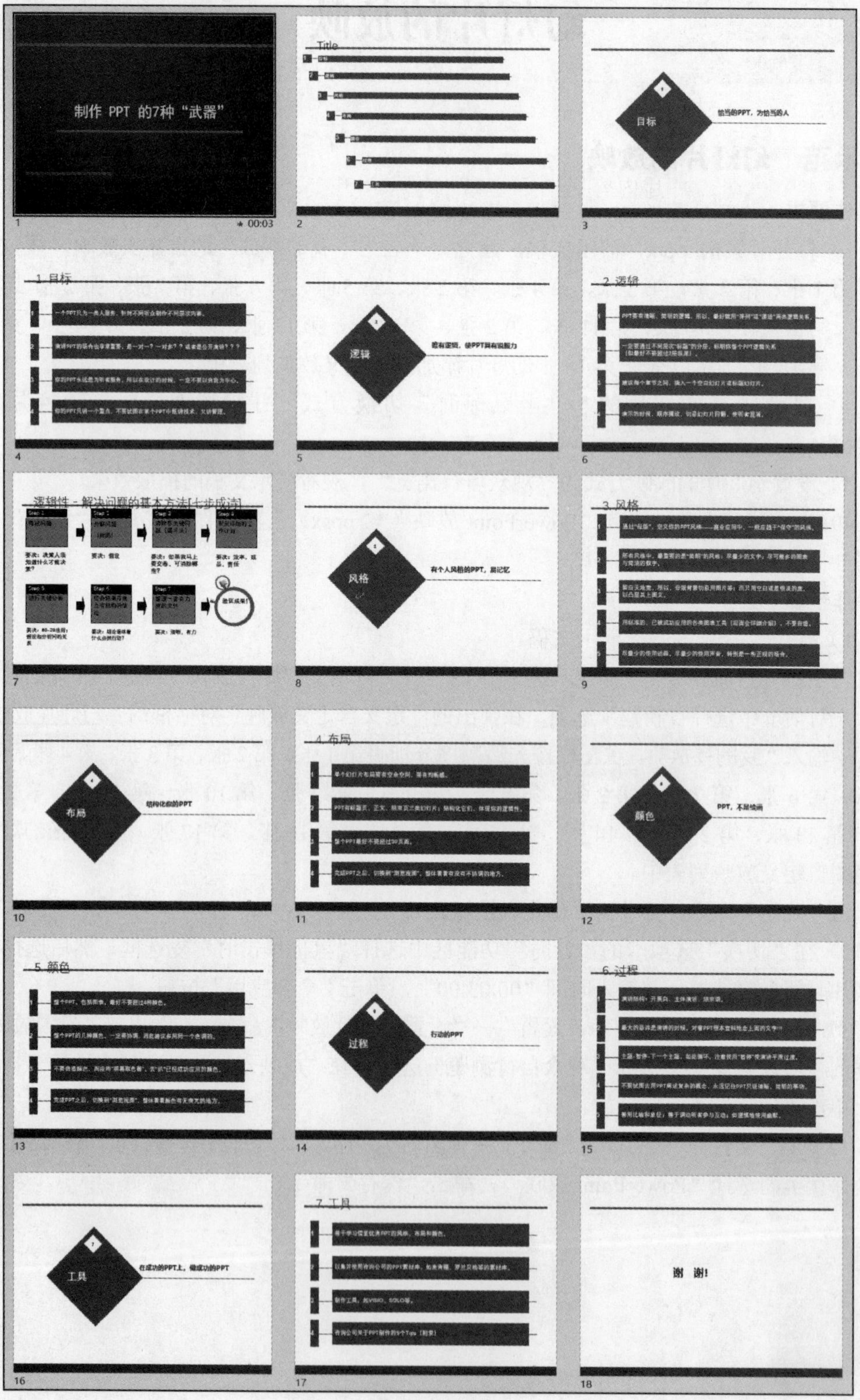
制作 PPT 的7种“武器”
Title
目标
恰当的PPT，为恰当的人
1. 目标
逻辑
既有逻辑，使PPT具有说服力
2. 逻辑
逻辑性 - 解决问题的基本方法[七步成诗]
风格
有个人风格的PPT，易记忆
3. 风格
布局
结构化你的PPT
4. 布局
颜色
PPT，不是绘画
5. 颜色
过程
行动的PPT
6. 过程
工具
在成功的PPT上，做成功的PPT
7. 工具
谢 谢!

实训集

实训 1

操作要求

（1）消除所有幻灯片左下角的日期，并为除第 1 张幻灯片外的所有幻灯片加上编号。第 2 张幻灯片的编号要求显示为“1”。

（2）给第 2 张幻灯片内容区的每行文本添加超链接，超链接目标分别为该演示文稿的第 3 张、第 7 张、第 13 张、第 17 张、第 21 张幻灯片。

（3）在第 6 张幻灯片处（水平 0cm，垂直 16.49cm）（自：左上角）插入艺术样式为“填充 - 黑色，文本 1，阴影”的艺术字，艺术字文本为“返回目录”，其他选项为默认值。设置“返回目录”艺术字的超链接为第 2 张幻灯片。

（4）将第 6 张幻灯片中的“返回目录”艺术字分别复制到第 12 张、第 16 张、第 20 张和第 23 张幻灯片中（水平 0cm，垂直 16.49cm）（自：左上角）。

（5）设置第 2 张幻灯片的标题进入动画为“缩放”，“效果”选项为“缩放 - 效果 - 设置 - 消失点：幻灯片中心；缩放 - 计时 - 开始：上一动画之后”，内容区文本的进入动画为“飞入”，“效果”选项为“飞入 - 效果 - 设置 - 方向：自右侧；飞入 - 计时 - 开始：上一动画之后；飞入 - 计时 - 延迟：1 秒”。

（6）创建一个名为“我的播放”的自定义放映，按先后顺序分别将页码为“0、1、2、6、12、16、20”的幻灯片添加到自定义放映列表中并播放观看。

【样图】

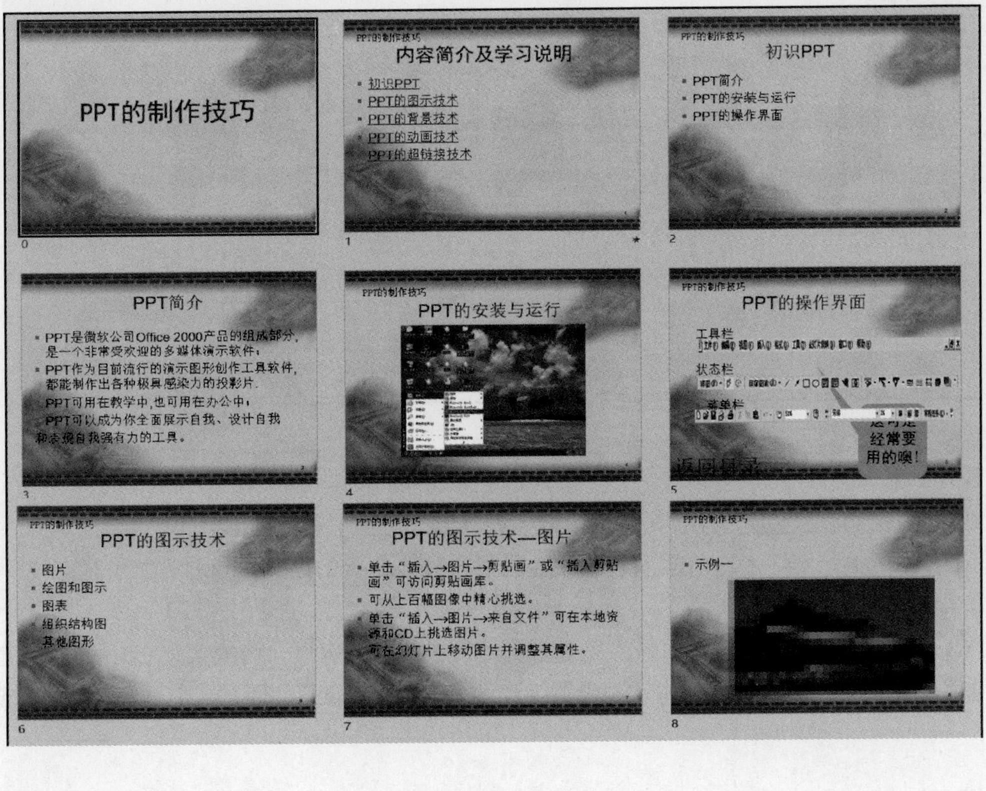

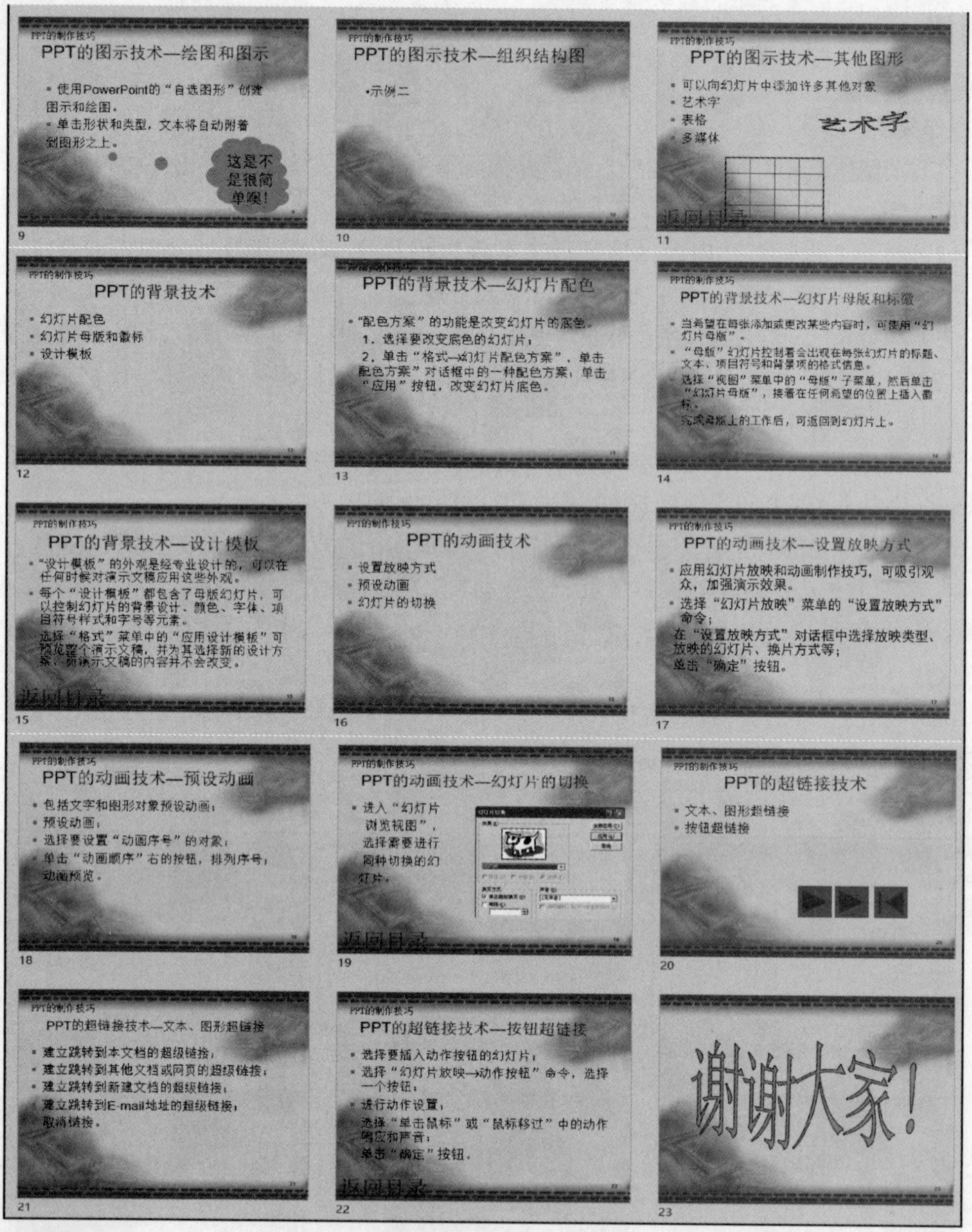

实训 2

操作要求

（1）为整个演示文稿应用“平面”主题，放映方式为“观众自行浏览”。

（2）在第 1 张幻灯片之前插入版式为“两栏内容”的新幻灯片，标题为“山区巡视，确保用电安全可靠”。

（3）将第 2 张幻灯片的文本移入第 1 张幻灯片左侧的内容区，将“实训 2-1.jpg”图片插入第 1 张幻灯片右侧的内容区，文本动画设置为“进入”→“擦除”，“效果”选项为“自左侧”，图片动画设置为“进去”→“飞入”，“效果”选项为“自右侧”。将第 2 张幻灯片的版式改为“比较”，将第 3 张幻灯片的第 2 段文本移入第 2 张幻灯片左侧的内容区，将“实训 2-2.jpg”图片插入第 2 张幻灯片右侧的内容区。

（4）将第 3 张幻灯片的文本全部删除，并将版式改为“图片与标题”，标题为“巡线班员工清晨 6 时带干粮进山巡视”，将“实训 2-3.jpg”图片插入第 3 张幻灯片的内容区。

（5）在第 4 张幻灯片的“水平：1.3 厘米，自：左上角，垂直：8.24 厘米，自：左上角”位置插入样式为“渐变填充 - 红色，着色 1，反射”的艺术字“山区巡视，确保用电安全可靠”，文字效果为“转换 - 跟随路径 - 上弯弧”。移动第 4 张幻灯片使之成为第 1 张幻灯片。

【样图】

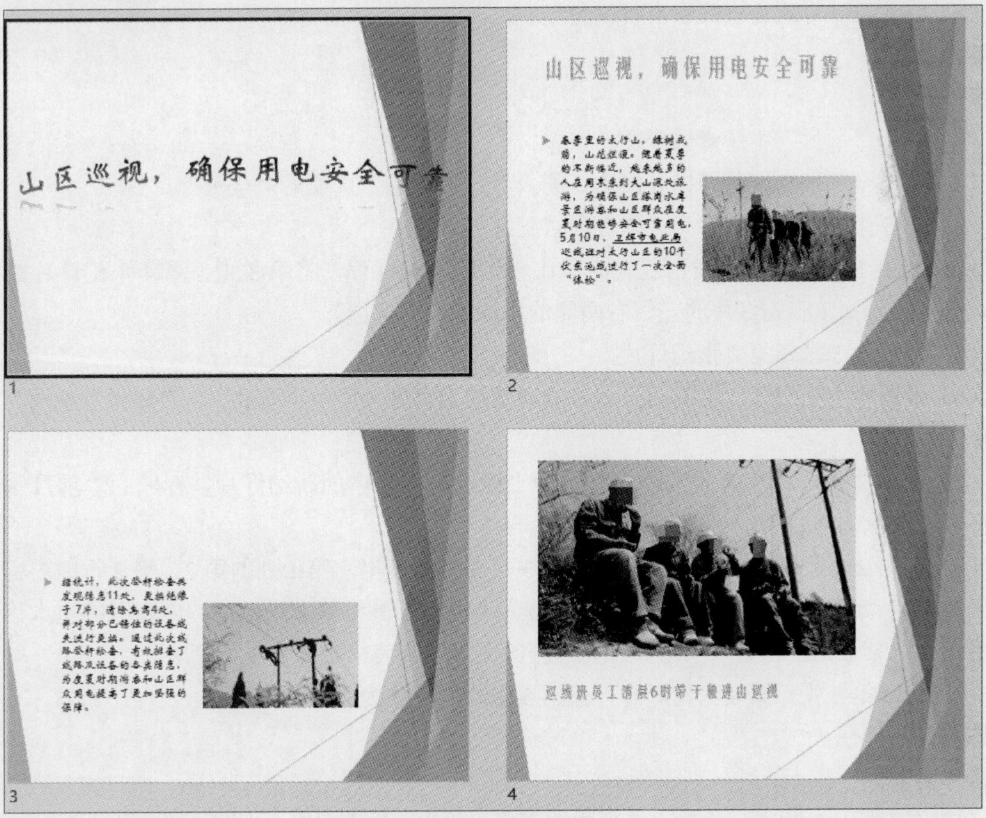

综合练习

练习 1

操作要求

（1）在第 1 张幻灯片前插入一张版式为“空白”的新幻灯片，在新幻灯片中插入一个 5 行 2

列的表格，表格样式为“中度样式 4”。

（2）在表格第 1 列的第 1 ～第 5 行依次录入“方针”“稳粮”“增收”“强基础”“重民生”，在第 2 列的第 1 行录入“内容”。

（3）将第 2 张幻灯片文本的第 1 ～第 4 段依次复制到表格第 2 列的第 2 ～第 5 行。

（4）将第 7 张幻灯片移到第 1 张幻灯片之前，删除第 3 张幻灯片。

（5）将第 1 张幻灯片的主标题和副标题的动画均设置为“翻转式由远到近”，动画顺序为“先副标题后主标题”。

（6）使用“切片”主题修饰全文。

（7）设置全部幻灯片的切换效果为“库”，“效果”选项为“自左侧”。

（8）设置放映方式为“观众自行浏览”。

练习 2

操作要求

（1）使用“回顾”主题修饰全文。

（2）设置全部幻灯片的切换方案为“切入”，“效果”选项为“全黑”。

（3）第 5 张幻灯片的标题为“软件项目管理”。

（4）在第 1 张幻灯片前插入版式为“比较”的新幻灯片，将第 3 张、第 4 张幻灯片的标题和图片分别移到第 1 张幻灯片的左、右两侧的小标题和内容区。

（5）删除第 3 张和第 4 张幻灯片。

（6）设置第 1 张幻灯片中的两张图片的动画均为“进入”→“缩放”，“效果”选项为“幻灯片中心”。

（7）在第 2 张幻灯片前插入一张版式为“标题与内容”的新幻灯片，标题为“项目管理的主要任务与测量的实践”。

（8）在第 2 张幻灯片的内容区插入一个 3 行 2 列的表格，第 1 列的第 2、第 3 行的内容分别为“任务”和“测试”，第 1 行第 2 列的内容为“内容”。将第 3 张幻灯片内容区的文本移到表格中的第 2 行第 2 列，将第 4 张幻灯片内容区的文本移到表格中的第 3 行第 2 列。

（9）删除第 3 张和第 4 张幻灯片，使第 3 张幻灯片成为第 1 张幻灯片。

练习 3

操作要求

（1）在幻灯片的标题区中输入“中国的新型飞机”，将文字格式设置为黑体、加粗、54 磅、红色（RGB：红色 255，绿色 0，蓝色 0）。

（2）插入版式为“标题和内容”的新幻灯片作为第 2 张幻灯片。标题内容为“飞机的主要技术参数”，文本内容为“可载乘客 15 人，装有两台新型航空发动机。”。

（3）将第 1 张幻灯片中的飞机图片动画设置为“进入”→“飞入”，“效果”选项为“自右侧”。

（4）在第 2 张幻灯片前插入一张版式为“空白”的新幻灯片，并在“水平：5.3cm，自：左上角，垂直：8.2cm，自：左上角”位置插入样式为“填充 - 蓝色，着色 2，轮廓 - 着色 2”的艺术字“新型飞机”，文字效果为“转换 - 弯曲 - 倒三角”。

（5）将第 2 张幻灯片的背景颜色预设为“中等渐变，个性色 5”，类型为“射线”，并将该幻灯片移动至第 1 张幻灯片。

（6）将全部幻灯片的切换方案设置为“时钟”，“效果”选项为“逆时针”。

练习 4

操作要求

（1）使用“环保”主题修饰全文。

（2）将全部幻灯片的切换方案设置成“摩天轮”，“效果”选项为“自左侧”。

（3）将第 1 张幻灯片的版式改为“两栏内容”，标题为“电话管理系统”。

（4）将“t5.jpg”图片插入第 1 张幻灯片右侧的内容区。

（5）将第 1 张幻灯片左侧的文本动画设置为“进入”→“下浮”，并插入备注“一定要放眼未来，统筹规划”。

（6）将第 3 张幻灯片的主标题设为“普及天下，运筹帷幄”，将文本格式设置为黑体、61 磅、黄色（RGB：红色 230，绿色 230，蓝色 10）。

（7）将第 3 张幻灯片移到第 1 张之前。

（8）在第 3 张幻灯片的“水平：2.8 厘米，自：左上角，垂直：4.1 厘米，自：左上角”位置插入样式为“渐变填充 - 灰色”的艺术字“全国公用电话管理系统”，艺术字高度为 5.3cm，文字效果为“转换 - 弯曲 - 正梯形”。

（9）使第 3 张幻灯片成为第 2 张幻灯片。

练习 5

操作要求

（1）使用“丝状”主题修饰全文。

（2）将全部幻灯片的切换方案设置成“涡流”，“效果”选项为“自顶部”。

（3）在第 1 张幻灯片前插入版式为“两栏内容”的新幻灯片，将“t7-1.jpg”图片插入右侧的内容区。

（4）将第 2 张幻灯片的文本移入第 1 张幻灯片左侧的内容区，标题为“畅想无线城市的生活便捷”。

（5）将第 1 张幻灯片的文本动画设置为“进入”→“棋盘”，“效果”选项为“下”，将图片动画设置为“进入”→“飞入”→“自右下部”，动画顺序为“先图片后文本”。

（6）将第 2 张幻灯片的版式改为“比较”，将第 3 张幻灯片的第 2 段文本移入第 2 张幻灯片左侧的内容区，将“t7-2.jpg”图片插入第 2 张幻灯片右侧的内容区。

（7）将第 3 张幻灯片的版式改为“垂直排列标题与文本”。

（8）第 4 张幻灯片的副标题设为“福建无线城市群”，将背景设置为“水滴”纹理，并使第 4 张幻灯片成为第 1 张幻灯片。

练习 6

操作要求

（1）使用“积分”主题修饰全文，在第一张幻灯片之前插入一张版式为“仅标题”的新幻灯片，标题为“领先同行业的技术”。

（2）在第 1 张幻灯片的“水平：3.6 厘米，自：左上角，垂直：10.7 厘米，自：左上角”位置插入样式为“填充 - 蓝色，着色 2，轮廓 - 着色 2”的艺术字“Maxtor Storage for the word”，文字居中对齐。

（3）设置第 1 张幻灯片中的艺术字的文字效果为“转换 - 跟随路径 - 上弯弧”，艺术字宽度为 18cm。

（4）删除第 5 张幻灯片，将最后一张幻灯片的版式改为“垂直排列标题与文本”。

（5）设置第 1 张幻灯片的背景为“水滴”纹理，隐藏背景图形。

（6）将第 2 张幻灯片内容区的文本动画设置为“进入”→“飞入”，“效果”选项为“自右侧”。

（7）将全部幻灯片的切换方案设置为“棋盘”，“效果”选项为“自顶部”。

练习 7

操作要求

（1）在第 3 张幻灯片之前插入版式为“两栏内容”的新幻灯片，将“t9.jpeg”图片插入右侧的内容区。

（2）将第 2 张幻灯片的第 2 段文本移到第 3 张幻灯片左侧的内容区。

（3）设置第 3 张幻灯片的图片动画为“进入”→“飞入”，“效果”选项为“自右下部”；文本动画为“进入”→“飞入”，“效果”选项为“自左下部”，动画顺序为“先文本后图片”。

（4）将第 4 张幻灯片的版式改为“标题幻灯片”，主标题为“中国互联网络热点调查报告”，副标题为“中国互联网络信息中心”，将此张幻灯片移至第 1 张幻灯片。

（5）删除第 3 张幻灯片的全部内容，将其版式设置为“标题和内容”，标题为“用户对宽带服务的建议”。

（6）在第 3 张幻灯片的内容区中插入一个 7 行 2 列的表格，第 1 行的第 1、第 2 列的内容分别为“建议”和“百分比”。

（7）将第 2 张幻灯片提供的建议顺序填写到第 3 张幻灯片中表格其余的单元格中。

（8）将第 3 张幻灯片中表格的样式设置为“主题样式 1- 强调 2”。

（9）将第 4 张幻灯片移到第 3 张幻灯片之前，删除第 2 张幻灯片。